性愛之外

約炮、婚姻、第三者，
打破傳統思考的禁忌相談

大人的性愛相談2

推薦序

對性的了解，就是對自己最終的認識

我多希望我們國高中的性教育是這本書。

所有我想跟孩子說的，都在裡面了，如果我在孩子這個年紀，能夠吸收到這樣專業又全面觀的性知識，能用正確的心態在性裡互動，就不用之後自己花很多時間很多錢去學習性到底是什麼了。

這本書跟許藍方的個性一樣，非常乾淨俐落，簡潔好懂，不尷尬也沒有模糊地帶，清清楚楚地告訴你，性就是一堂生命的必修課，修得好闔家歡樂，人生幸福的不得了；修不好，滿身坑坑疤疤，把上帝給我們最珍貴的禮物變成毒蛇猛獸，唯恐避之不及。

她是我第一個認識的理工女，任何我們難以說出口的字眼，經過她的嘴，好像只是在討論一個菜色怎麼料理比較好吃這麼輕鬆簡單，跟她吃飯喝酒聊性，相當過癮。

這倒也是，「食色。性也」。

性的重要，跟吃飯一樣。

我自己是一個從小對性充滿興趣的人，慘的是我那時候以為的性知識都是在A書與A片中學的，亂學一通，認知錯誤就像找鬼開藥單，就一路鬼遮眼的錯下去，在性與愛裡跌跌撞撞搞不清楚自己是誰。

極度失望然後去上了很多課，才豁然開朗，原來這才是性啊！

跟性重修舊好後發現，性實在極度複雜又極度簡單，跟我之前以為的根本是兩個人，還好任何時候開始學習都不晚，即便那時我已經生完老二了。我跟我先生不斷在性上面相互學習體驗，這也幫助到日常生活的溝通，性愛可以解決的事情比你想像中的多太多，而我本人，根本是靠性在保養自己，可能保養得還不錯，我四十七歲時又懷了老三。

今年，我開始開「女性性能量」工作坊，心疼人類即便到了可以飛天遁地的世代，女性對性的認知卻依然停留在洞穴時期，依然模糊懵懂、制約、討好、瞎子摸象，這就好像寶藏箱上面蓋著一塊布，妳坐在上面以為這只是一張椅子，還到處跟別人哭窮一樣可惜。

這幾年的學習，我深深體悟，「性」就是上帝設計給人類，一套有系統的自我成長課程。在「性」關係裡的成長，對性的了解，才是對自己最終的認識，而且這個認識是會不斷改變升級進化，相當有機。這一切就像蝴蝶效應，牽一髮動全身，藉由對性的成長，你對生命的看法也就不會再固執僵化，可收可放，可平靜也能夠奔放，這才是你內在真正完整成熟的力量。

既然說到成長，就一定會有學習的必然，就一定會不太舒服、不太習慣，但有學有保佑，有學就一定有改變。也就是說，如果你現在對性的想法、態度以及互動的方式跟過去一樣，那就不知道你的成長是長到哪裡去了。

所以從性上面開始反推自己是不是真的有成熟長大，也是一種自我檢測的方法。

既然性是一輩子這麼重要的事，為什麼不好好學呢？為什麼要亂學呢？為什麼要屈就不舒服不快樂、不夠味的性生活呢？

「做愛是用大腦，不是身體！」許藍方博士說。正確到不行！身體只是介質，只是潤滑劑，幫助我們感受、確認，認知對了，才會一路往好的性關係走去，才有機會去經驗人類愛與性，身體與心靈完全合一的生命境界。

《性愛之外》讓許藍方博士教你對性有正確的認知與操作，有了對的觀念，你不用再迷路，不用再暈船，不用再找鬼開藥單。

看看性可以幫助你找到自己失落的哪一個部分？啟發妳什麼哪一條神經？相當有趣！

演員、作家、瑜伽老師、金馬獎最佳女配角

丁寧

推薦序

一針見血，錯誤觀念的導正之書

很榮幸能為許藍方老師的新書寫這篇序言，個人非常敬佩許老師，對於性教育推廣投入的心血，教學與著作是十年樹人的志業，更難能可貴的是持之以恆與秉持初心，教育與寫作都需要重複、重複、再重複的進化，許老師特別是對於寫作維持高度的興趣，所以激起讀者閱讀的樂趣，教學相長成為一家之言，不斷自我探索才能成就經得起考驗的作品。

從老師第一本談兩性關係的書，讀者可以透過老師的筆尖，發現老師的獨特寫作風格，科普文學常常有一大堆專有名詞，搞得讀者暈頭轉向，這本書雖然是性教育的科普作品，卻很輕鬆的把深奧難懂的學術研究，以大眾易懂的文字譬喻介紹給讀者。老師的第二本書幫讀者介紹實用的芳療知識，特別是芳療與兩性性治療之相輔相成，這是非常少數的芳療作家同時具備性教育臨床經驗所寫的入門書籍，芳療對於焦慮的改善、疼痛的緩解、兩性親密感的提升都有顯著的效果，讀者可由這本書的內容入門芳療的實際應用。

這第三本著作的問世，老師已成為多產作家，閱讀最新的作品可以感受到老師自信與自律，全文分為四個章節，首先是成熟大人本該學習的性健康與性知識，第二章是當愛來的時候你會想要……，第三章是性愛之外，最後一部分是懷孕的林林總總，老師樂於分享自身的遭遇與自我探索的領悟，從男女交往、婚姻、生育、凍卵、避孕、第三者等，本書內容依舊充滿實用性，老師心切的告訴讀者最想問老師但又不好啟齒的話題，本書紀錄了她個人、好友、及尋求諮商的讀者所發生的真實案例，充滿各種生活感的個案研究，所以本書會帶領讀者有一口氣閱讀完整本的內容，而且會帶給讀者切身的反思，透過老師女性的觀點而一針見血的對一些男性錯誤的觀念提出修正，破解錯誤的兩性迷思，以專業醫師的角度很高興能看到這樣的作品問世。

臺北醫學大學附設醫院 癌症中心主任

葉劭德

推薦序

兩性健康的推廣，需要嚴肅且不妥協的態度

和藍方博士相識於一兩年前可樂研究社的拍攝合作。在這之前，我對博士的印象也許和大眾差不多……台灣最美博士。

但在短短的幾集影片合作之後，讓我認識到，原來在媒體前侃侃而談，形象專業的博士，其實私底下就像個單純的小女孩，唯一專注的，就是在學術上對兩性健康關係的研究和推廣，而這也是她一直持續在執行的。

有些人不太習慣藍方博士在影片中偏強硬的語氣和態度，其實稍微了解她的人就知道，博士只是「專注」！專注在對的知識！專注在糾正人們搞錯的觀念。

拜讀這本《性愛之外》也就是「大人的性愛相談2」，無論是書籍的文

字或親手的畫作，字裡行間和筆觸，彷彿在腦海裡直接浮現藍方博士的表情，嚴肅且堅持、不妥協的一貫態度。

身為「大人」，或許很熟悉性愛，但你／妳真的了解自己的身體嗎？了解自己從青春期開始的種種變化嗎？許博士以口語的方式，鉅細靡遺的把男性、女性的身體構造到生理反應都圖文並茂、全盤解說，甚至連不好意思在醫院問醫生的問題，如「多少次算射精過度？」「忍住不射會生病嗎？」「男人也可以連續射精？」「聖人模式到底是怎麼回事？」都能在書裡得到解答，稱這書為「成人性愛百科」也不為過。

學校沒有教的，當「性」和「愛」串連在一起時，從生理到心理、情感面；從世俗眼光到道德議題。戀愛到最後該結婚嗎？原來渣男也有百百種？所有你想得到的，到從來沒想過的兩性學問……讀完本書，讓你全部打包帶走，受用一輩子。

婦產科醫師，女人的好朋友
蕭詠嫻

自序

一本最接近自己的書寫

這幾年陸陸續續看到性騷擾的事件不斷被傳出，其中更包括和未成年間的犯法行為，有人問：「為什麼社會變成這樣了？」我說：「其實這些事情一直隱藏在社會中，只是都沒有浮出檯面罷了。」過去的我們沒有接收到這些事情的消息，不代表它沒有發生。就我看來，只有覺得「隨著人的意識逐漸抬頭，紙終究包不住火，需要教育的終究不會因長大自然就會。勇於為自己發聲絕對是好事，只是我們更應該做的是「教育每個人都懂得尊重與自重，除了不侵犯他人，更該懂得保護自己，並非等事件發生後，再來檢討被害人。」

從小到大我就是在教育的灌溉下成長，我深信教育的存在是必要的，越早給予相關知識，越能建立正確認知與好的價值觀，這絕對與文憑無關。這樣說吧！也許知識沒什麼了不起，但無知帶來的災害真的比天災人禍都還要可怕，它是無聲無息地滲透到每個人的生活和潛意識中，無心的言行舉止如同利刃般，時時刻刻在不自知的情況下讓人受傷，而自己也不自覺地被傷害。**教育絕對是最前線也是最重要的保護機制，保護著我們的下一代、保護自己、還有保護我們身邊心愛的人。**

這本書延續了第一本的性愛相關內容，我一樣秉持著性與愛不可分的原則撰寫（Fuck、intercourse 和 making love 是完全不同的，而我指的始終是「做愛」）。書裡，呈現了兩性關係中會出現的生理及心理現象，針對過去幾年最常被問到的問題，甚至到現在還存在的謬誤，我用文字寫了想對你們說的話，我將書籍文獻上的知識化為比較容易理解的語言，希望正在看書的你們，都能漸漸了解這些原本就在生命中，卻被我們一直忽略或誤會的存在。

我想再次強調，性教育的目的並不是要大家在大庭廣眾下公開討論自己的私生活，而是希望每個人能夠面對最真實的自己，從人類最原始的慾望開始；至少，當我們在表達飢餓與想睡的同時，也可以和最親密的人將內心的渴望說出來，只有真實的面對和誠實的表達才有辦法解決兩性之間的問題。這是一個漫長的過程，需要自我剖析、自我對話，更需要的是意願與勇氣，我是這樣走過來的，如今我感到慶幸與感恩。

自己曾經因為無知造成了遺憾，直到現在，偶爾午夜夢迴，腦中浮現過往畫面時，心裡總是想「當初的我，如果有現在的認知，是不是就不會走向分離了？」想著想著，能取代的也只有懊悔，一切都已無濟於事。不過，也因此讓我在教育這條路上更堅持著，期許自己的教育能夠讓相愛的兩個人不再因誤會或錯誤的認知分離。倘若每個人在人生中一定要經歷跌倒，那麼小擦傷總比斷腿好吧！感謝過去的種種，現在的我一樣不完美，但可以說是最接近完整，這樣的自在真的很好。

書裡的另一部分，我提供了有別於傳統的思考面向，譬如：「為什麼不結婚？」「為什麼不生小孩？」「為什麼不……」當我們被問到這些問題的時候，總是想破頭，似乎硬要說幾個理由來合理化自己為什麼沒有順從社會期待的行為。但我的回答則是：「為什麼要結婚？為什麼要生小孩，又為什麼要……？」

許多「為什麼不」的存在都來自於我們腦中既有的固定思想，我們認為人生本來就應該要那樣，但事實上，本來就沒有什麼是應該存在，更沒有什麼是理所當然會發生的。每個人都有自己的個性和命運，地球上有幾億個人，又為何只能歸納出幾種相同的結果呢？

我一直認為，人生在世，最幸福的不是有名車、有豪宅、有財富、有地位，而是無憂無慮、無煩無惱自由自在地翱翔著。世上原本就空無一物，我們更應該對自己所擁有的一切感到珍惜與感謝，而不是帶著理所當然的思想，對於未能擁有的不斷地感到失望與落寞。來人世間就這麼一遭，願你們在生命中的體驗都是如此美好。

我將畢生所學、所經歷、所獲得的知識與智慧寫在這本書內，書的存在與延續對我來說是一件很有價值且重要的事，我的著作不允許代寫，對我來說是責任也是承諾。

你們相信嗎？以前的我是一個無法獨處又固執己見的控制狂，生活非黑即白又容易生氣；現在的我幾乎沒什麼脾氣（除了在直播上謾罵那些欠揍的人是我發洩情緒的方式之一），極度享受和自己相處，並秉持「世上沒有對錯（除了法律），只有立場不同；事件沒有好壞，只有解讀不同」的理念生活著，每個人的想法都有其背後的邏輯思維。這樣極端的轉變，我自己都覺得不可思議，是因為過去的我不是我嗎？不！所有呈現出來的面貌都是我，只是在生活經驗與社會洗禮的增加之後，有了不同的接觸與思想，這也是為什麼我更希望每個人可以在全面的吸收後，接近更完整的自己。

到了四十歲，才真的觸碰到「自己」，擁抱自己的感覺是多麼的踏實可貴。你可以很清楚內心的決定，更可以義無反顧地選擇自己想要做的事，身旁的三言兩語帶來的是參考價值，而非恐慌製造。傳統的框架代表的是上一代的保護而非成長的枷鎖，而社會的期待則是勇往直前的激勵與養分。我們所討厭與害怕的都不會消失，我們唯一能做的就是改變自己。隨著年紀增長，你會發現我們所感受到的除了身體上的病痛外，其餘的難受都是自己的認知與價值觀帶來的，現在正是你們在成長路上為自己補充養分的時候。期許看完這本書的你們，能見到一個更不一樣、更好、更愛的自己。

目錄

2 當愛來的時候，你會想要……

3 性愛之外

4 懷孕的林林總總

第1篇

成熟大人本該學習的性健康與性知識

下面真的一大包？

Are you a Grower or a Shower?

不知道從什麼時候開始，大家把男人的性能力與魅力和生殖器的型態劃上等號，似乎「陰莖大就是強？」「下面越大包越吸引人？」

追求大陽具與崇拜大胸部一樣，一直以來都有異曲同工之妙，雖不能說這樣有什麼問題，畢竟對大小的喜好是每個人的選擇；但是，在認知不夠完整的前提下，這樣的想法很容易變成一種迷思，好像真的要「這樣（一大包）」才會有「那樣（強）」的效果。甚至，有的人會因為陰莖看起來太小，就聯想到自己性無能，在還沒發生關係前，就已經因為自我暗示，而真的出現不理想的表現。在性關係中，這個念頭成了一種性功能障礙的源頭。

一個人的性表現與下面有沒有一大包沒有關係

除非光是用看的（下面一大包），伴侶就能自行高潮，不然就純粹只是迷思而已；再者，你們仔細思考一下，當你看到一個人下面一大包，基本上都還是陰莖尚未勃起的狀況吧！若說長度對性有它某種程度的重要性，那也不需要先對這一大包定義；至少，得先請那根陰莖勃起吧！假使每個人的伸長幅度都一樣，你還可以用勃起前的長度預想勃起後的模樣。很遺憾地，「**每個人的陰莖伸長幅度是完全不同的**」，所以，光從勃起前有沒有一大包來看這個人是否厲害，根本是無稽之談。

那麼，為什麼有的人會下面一大包，有的人則是下面沒半包？

所有生理男[1]的陰莖分為兩類：一類為 Growers（勃起前看起來短不是真的短），另一類則是 Showers（勃起前看起來長也不是真的長）。為什麼會有這樣的差別呢？這和每個人的細胞、表皮彈性、膠原蛋白，和整體健康有關。影響到陰莖變長的因素有外層的皮膚、內層的纖維組織、連接腹股溝

1　基於性別平等概念，我認為不該再用男生女生來代表「一個人的樣子」，而男生女生的分類只在生理差異上是有意義的。

和陰莖的韌帶、陰莖內的膠原蛋白，還有身體的血流狀況。

要怎麼知道自己的陰莖是哪一類呢？

在你還沒勃起的時候，請先用尺測量龜頭到腹部的長度[2]，接著讓自己處於勃起狀態後[3]，再測量一次陰莖長度。

若你勃起後的長度減掉勃起前的長度大於4cm（1.5 inches），你就是Grower；若你勃起後的長度減掉勃起前的長度小於等於4cm（1.5 inches），那你就是屬於Shower。

若你無法勃起，則可直接將陰莖拉長，用手慢慢將龜頭或連同包皮往外拉，當你開始覺得不舒服的時候就停止再拉長，再測量肚臍側，龜頭到腹部的長度。

2 從肚臍那一面量到龜頭的地方才是陰莖真正的長度。請不要量陰莖下側，避免你把陰莖根部也一起算進去（那時測量的不是陰莖的長度，而是部分尿道），更不要隨便拿尺來比或用目測的。

3 請勿在公眾場合或非隱密處測量，以免犯法。

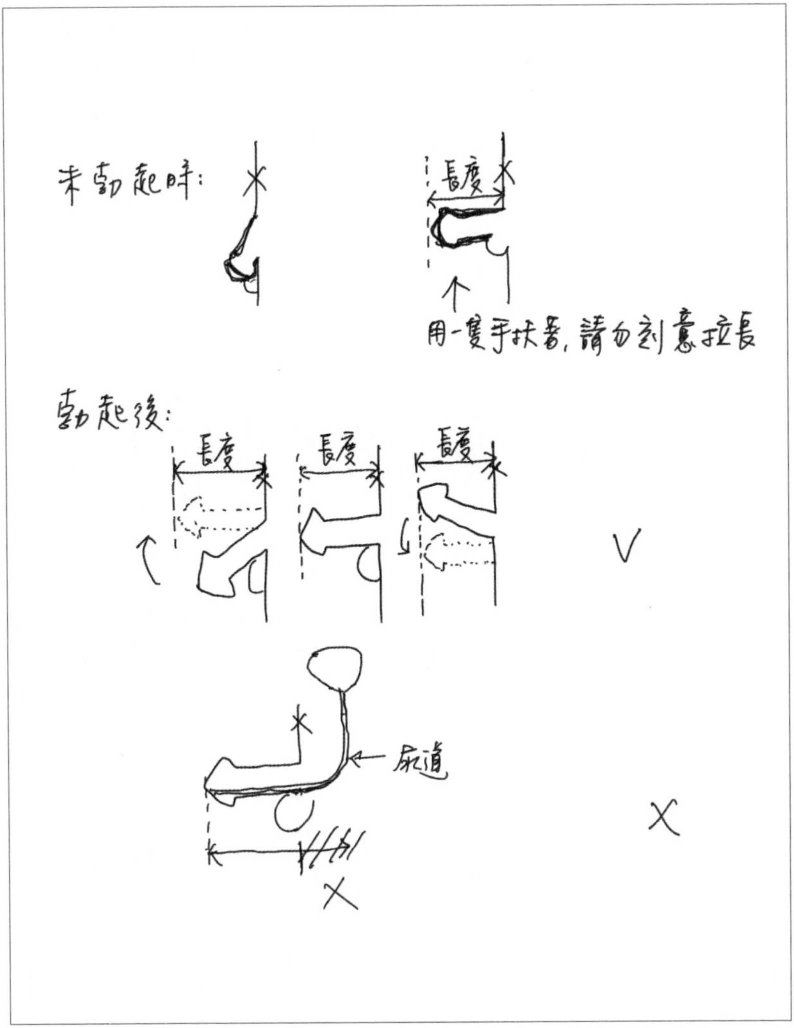
未勃起時：
長度
用一隻手扶著，請勿刻意拉長
勃起後：
長度
長度
長度
V
尿道
X

測量結束，知道你是Grower或Shower之後，對性生活會有什麼影響嗎？

不管你是哪一類，都不影響伴侶對性滿意度的感受。最重要的是「你怎麼看待自己的陰莖」！如果你因為長度就對自己沒有自信，那麼，你在性方面的表現也絕對不會多好。請不要忽略了「對自己的信心在性表現上有多重要」；若你是充滿自信的，無論你的陰莖長度如何，只要勃起後有7公分（基本上，亞洲男人的陰莖平均長度已經很夠用了），就足以完成讓人心滿意足的性交流了。

一段性關係好不好，取決於自我認同和彼此間的溝通程度，而伴侶對性的滿意度則來自於：他在互動中所感受到的愛與尊重。

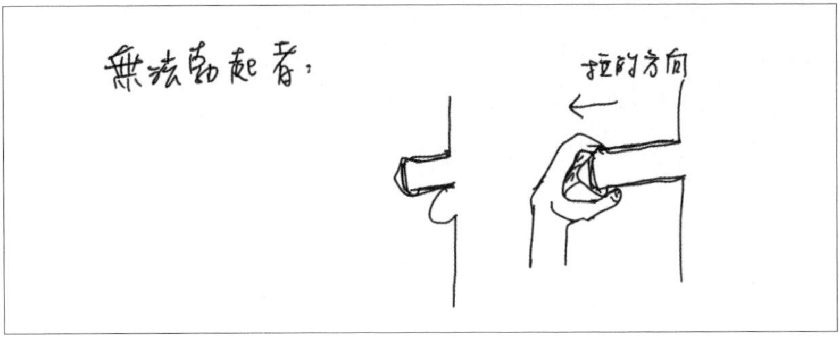
無法勃起者：
拉的方向

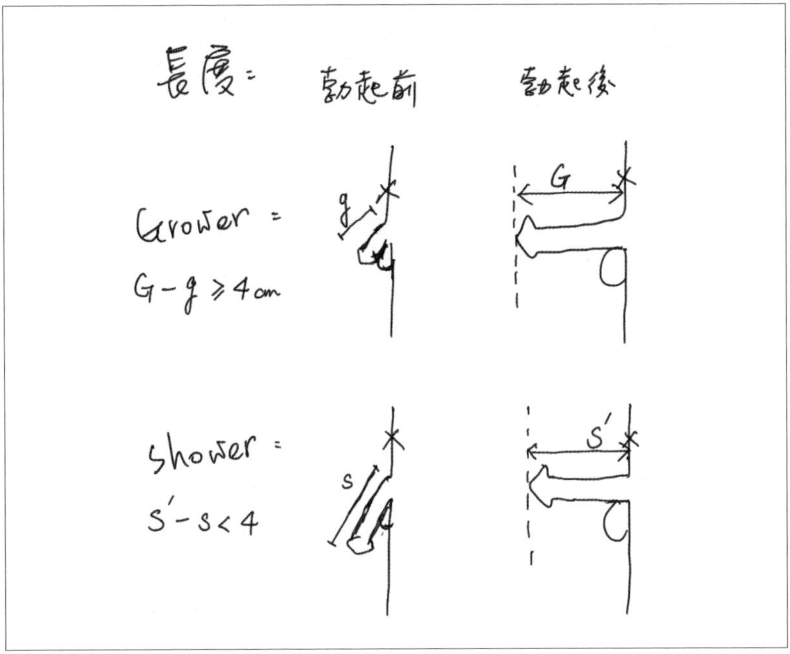
長度：
勃起前
勃起後
Grower：
G－g ≥ 4cm
G
g
Shower：
S′－s＜4
s
S′

可是我真的有被弄到噴水！

自從四年前我的影片「潮吹就是尿」上傳到網路後，潮吹是不是尿這件事仍被大眾討論著。有些網紅紛紛拍影片說：「誰說潮吹一定是尿？」有經驗老道的男子說：「我遇到過，噴出來是沒味道的，那真的不是尿啦！」有感受過高潮的年輕女子說：「欸！我真的有被他弄到高潮的時候噴水耶！但我沒有失禁啊！」

也許是我講得不夠清楚，也或許是每個人對「潮吹」的定義不同，導致有不同的認知；但我還是得再說明一次，**潮吹這個現象就是噴尿**，沒有第二個選項了。

大家需要先了解一件事，潮吹是怎麼來的？「潮吹」這個名詞是日本漢字，在成人片（A片）中出現的潮吹（squirting）指的是，當女生高潮的時候，會從下體噴出大量液體，就好像鯨魚頭上噴水或從石頭間湧出水一樣。在性教育不普及，大家都把成人片當成教科書的年代下，開始有了「高潮＝會噴水」的迷思。

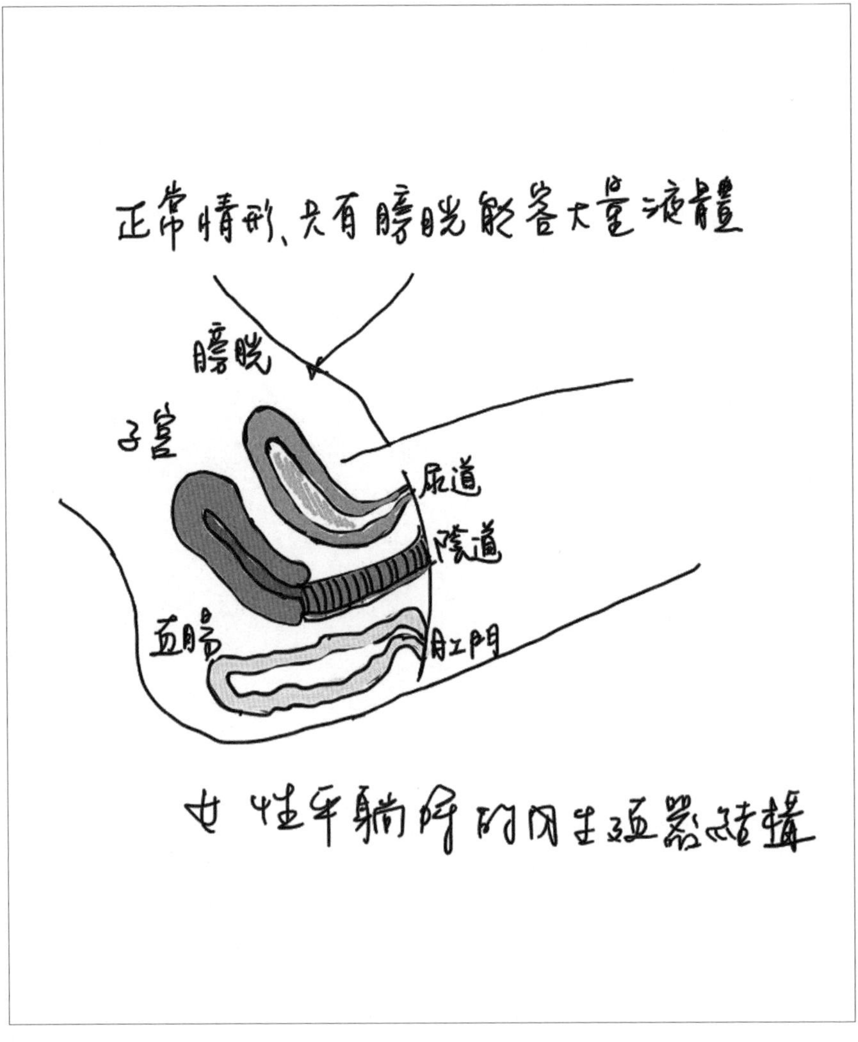
正常情形、尤有膀胱能容大量液體
膀胱
子宮
尿道
陰道
直腸
肛門
女性平躺時的內生殖器結構

這樣的迷思造成男女在性事當中出現許多誤會，有的人覺得他老婆沒有噴水，是不是沒有高潮？而沒有高潮的原因是自己不夠厲害，還是老婆已經被別人滿足？因此，兩性之間常出現不必要的猜測與懷疑，輕則吵架，重則分手離婚。這讓我更感受到教育的重要性，尤其是性教育，一門一直被忽略的科目。

女性私處有可能噴東西出來的，不外乎是尿道口、陰道口或肛門口（如圖第29頁），尿道口的源頭是膀胱，陰道口的源頭是子宮，而肛門口的源頭是腸道。

我們來探討一下，到底是什麼樣的「神祕水」會在女人興奮的時候噴出來？

從膀胱、子宮、腸道看來，正常情況下能夠容納足夠液體的，就只有膀胱，而且，從膀胱噴出來的（液體），不管是什麼顏色或什麼味道，都稱作「尿液」。（正常的尿液顏色為琥珀黃色或清透黃色，有可能沒味道或者含有尿味，當你聞到其他味道時，有可能正在感染，請盡快就醫。）而我在影片裡描述的就是「A片女優在高潮時噴射出來的大量液體，就是從膀胱出來的尿液！」

至於，有些網紅或專家拍攝影片強調「潮吹不是尿！」我想，那是名詞錯用的緣故，從一開始的「A片女主角高潮會噴東西＝潮吹」，到後來有些人已經將「潮吹＝高潮」。那些影片中所謂潮吹不是尿的「潮吹」，指的是**生理女在性高潮時會產生的特殊液體**，那是從史恩基斯腺（Skene's gland）分泌出來的，這個專有名詞稱為 female ejaculation（潮射[4]）。

綜合以上，**女人高潮時，史恩基斯腺會產生少量液體，它的質地與尿液不同，不是清澈的，也不會用噴的**（通常，量要大到一定的程度才有可能呈現噴射狀）。

4 潮射又稱女性射精，但女人沒有前列腺和睪丸，所以產生的特殊液體並不是和男人一樣的精液。

至於女人在高潮時的噴尿現象來自兩種可能：一、尿失禁。因外括約肌失去控制能力，使尿液不由自主地排出，又稱為漏尿。二、（沒有尿失禁時）膀胱內尿液太多。因為膀胱內的尿液累積太多，當女人高潮時，因交感神經興奮到極致後的竭盡狀態和副交感神經也達到全身放鬆的情況，使得膀胱頸也跟著放鬆，因此無法忍住膀胱內的尿液而出現大量噴射的狀態。請想像一下每次

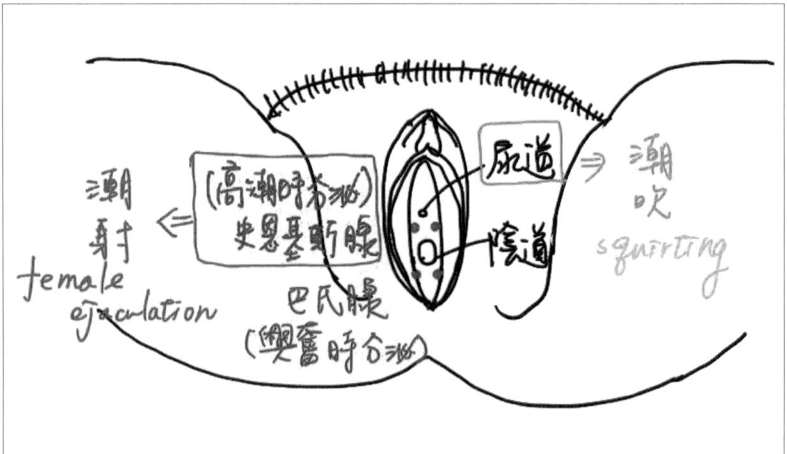

女性平躺時的外生殖器結構

喝水完忘記尿尿，就接著上高速公路遇上塞車，路途中突然尿意來襲，隨著塞車的時間越來越久，膀胱越來越脹，脹到後來，有的人甚至無法行走，只要一碰觸到膀胱，尿就會馬上噴發，就是這種膀胱脹尿的感覺。接著，將高速公路的情況換到床上，在無法正常排尿且脹滿的膀胱一直被碰撞的情況下，你說能不噴尿嗎？所以，有些退役女優受訪問的時候便說道：「為了製造潮吹的真實效果，開拍前都會喝很多很多水。」

即使你沒有尿失禁，只要在高潮時噴出「大量液體」，那都還是尿！不會因為你沒有尿失禁而噴出其他的夢幻彩虹泡泡；只能推測說，也許是做愛前忘了將膀胱排空。所以，妳有高潮，但妳也噴尿。下次，請不要再說：我真的會噴水，但那不是尿。我從來沒有說「高潮不會分泌液體」，但也從來沒否定過「高潮也會噴尿」，我只是一直強調：**如果高潮時的液體是用噴的，99.9％的機率就是尿。**

射精的藝術

關於射精，應該是男人除了可不可以勃起之外，並列第一重要的事了吧！勝過生命的那種重要性。

有鑑於此，我想男人應該要知道的第一件事必須是「精液是怎麼射出去的」。正常情況下，射出的精液裡包含了約5%的精子和95%的精漿，在未射出之前，精子和精漿各有存放之處[5]，而精液裡最主要的成分則是水、前列腺液和尿道球腺分泌物，還有其他複雜的有機和無機成分。

當你們受到性刺激，陰莖充血勃起時，便會開始一連串的配套措施。不管你是用手、用飛機杯，還是用其他個人喜好方式或是和人互動，**當陰莖受到摩擦，感覺到興奮開始，精液就已經各就各位了**；到這裡是射精預備第一步（圖中藍色箭頭處）。接下來，當你興奮到一定程度的時候，這些各就各

5 由睪丸製造精子，成熟精子則儲存在附睪內，前列腺和尿道球腺會分泌，其他的精漿則存放於儲精囊中（請看圖）。

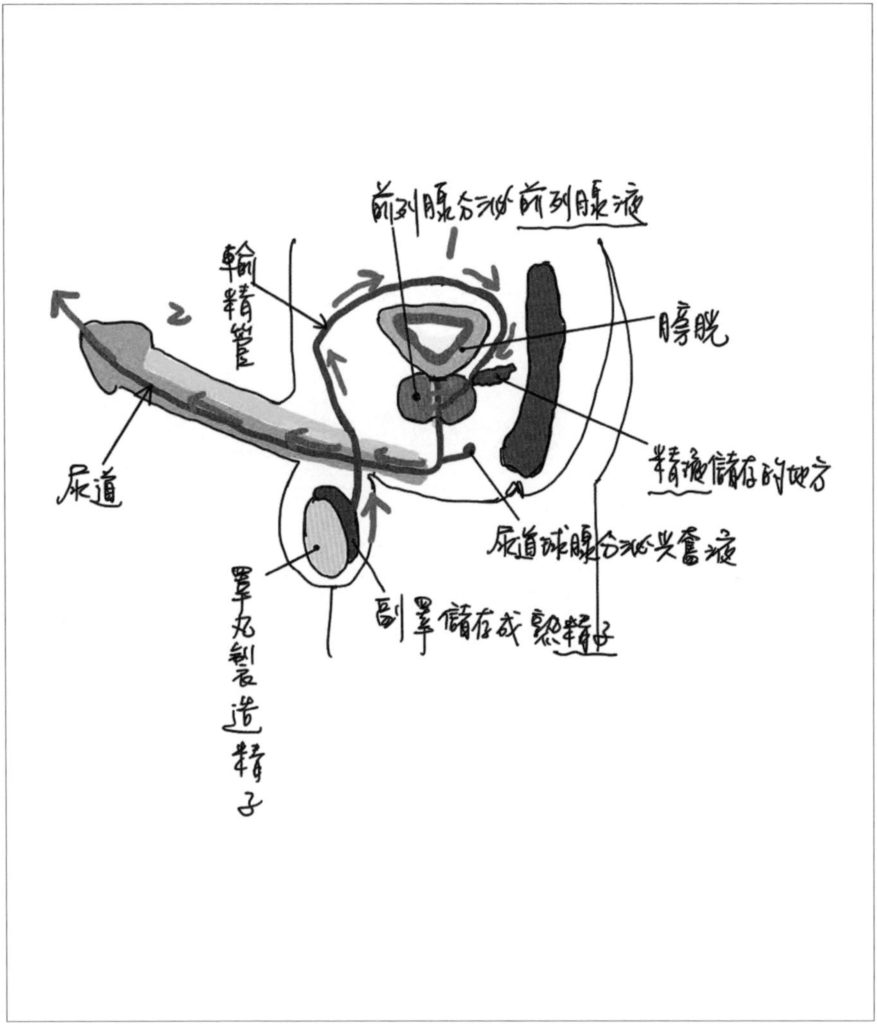
前列腺分泌前列腺液
1
輸精管
2
膀胱
尿道
精液儲存的地方
尿道球腺分泌興奮液
副睪儲存成熟精子
睪丸製造精子

位的精漿和精子，就會一起從尿道射出去（圖中紅色箭頭處），此時就完成射精了。

射精的時候膀胱頸是關閉的。言下之意就是，射精和尿液是不可能同時出現的。記好自己的射精流程，接著，你們所擔心的問題就會迎刃而解了。

最常見的問題一：一個禮拜要射幾次才正常？

我在這裡鄭重回覆，我希望你們都能背起來，「**在性裡面，沒有『正常』或『不正常』的頻率次數規定**」，當你有慾望，只要選擇正確的方式與地點滿足（此時的慾望）就好。就像現在，如果你肚子餓了，會怎麼處理呢？我相信有部分人會放下書本去吃東西，或邊看邊吃，有的則覺得睡前不要進食，忍一下好了，並不會詢問「一個禮拜要吃幾餐才正常？」吧！每個人都有不同的選擇和做法，沒有一定要射精幾次才正常，反而你刻意要求自己多久要射精一次，才是違反自然的行為。所以，有的人可能因為工作或考試壓力一兩個月沒有射精，有的人可能因為情緒問題幾個禮拜沒射精，又或者每天、每兩天、每三天都會想射精，這些全部都沒有不正常。當你下次又有同樣疑問的時候，把問題換成食慾來反問自己，我相信你會更容易了解自己的慾望。

最常見的問題二：怎樣算射精過度？

前面說了，射精沒有次數的限制規範，難道就可以因此無限上綱地一直射嗎？當然不是。**這個問題的「過度」不是用次數來定義，而是用你的身體狀態來觀察**。因此，當你出現以下這幾種狀況，就代表你近期可能射精過度，需要休息一陣子直到症狀減緩。

① **尿流變細**：當你發現某天怎麼好像尿尿變得比較細小，需要分好多次才尿得乾淨，或單一次需要花很多時間才尿得完的時候，就代表你這陣子射精過度了。只要你射精一次，前列腺就需要工作一次，當前列腺持續工作沒有休息的時候，就有可能出現**前列腺肥大**的情形。不要以為前列腺肥大只有老人才會有，當你射精過度時，也是有可能發生在年輕人身上的。

②頻尿：自慰或行房太多次，導致尿道口過度刺激，會出現頻尿的狀況，有的人還同時會有尿道口刺痛或灼熱感；頻尿跟攝護腺肥大要怎麼區分呢？頻尿的排尿速度並不會受到影響，但前列腺肥大會。

③射精帶血：攝護腺發炎，同第①點，因為前列腺工作量太大，導致發炎而出現射精帶血的情形。（攝護腺＝前列腺）

④無精乾射：射精太頻繁，導致前列腺、尿道球腺、儲精囊來不及供應下一次射精的量，因而出現想射卻發現射不出東西的情形。

總結，只要不適症狀出現，不管你射精幾次，都叫過量。

最常見的問題三：忍住不射會不會生病？

忍住不射有兩種，一種是在還沒有射出來之前就停止興奮，讓射精步驟不要走到第二步，這樣偶爾一次忍住不射是完全不會怎麼樣的，但也不要變成常態。別忘了，雖然沒有走到第二步射精，但在第一步驟時，準備射出來的精液都已經各就各位了。

第一種：若你長期忍住不射，很容易導致以下狀況：

①**陽痿**：性交在沒有射精的情況下就提早結束，這時候中樞神經系統和性器官的興奮還無法馬上消退，可能導致這些器官興奮的狀態太久，造成過度疲勞。時間久了，陰莖的充血勃起功能會受到抑制，就變成陽痿。

②**攝護腺發炎**：原本前列腺分泌的前列腺液已經各就各位，等著發射出來，但你忍住沒射，所以陰莖的充血狀態會延長，導致攝護腺也會有比較長時間的充血膨脹。長期下來，就有可能導致無菌性攝護腺發炎。

③**儲精囊發炎**：同理於第二點，儲精囊也會跟著充血過久而導致儲精囊毛細血管擴張，甚至破裂。久了，容易發生出血性的儲精囊發炎。

④**射精障礙**：忍住不射是一種違反自然的強迫性做法。時間久了，容易發生習慣性不射精。

第二種：另一種忍住不射是射精步驟已經到了第二步（實際上已經射出去了）。還記得射精的時候，膀胱頸會關閉嗎？該射精的時候你選擇憋著不射（正常男人一次射精量為2～6 ml），這些液體總要有地方去吧！最後的去處也只有膀胱，必須強迫關閉的膀胱頸打開，因而發生逆行性射精的狀況。這種忍住不射久了，除了以上的問題都有可能發生之外，還有可能造成膀胱頸結構上的損壞。

最常見的問題四：都不射精可以嗎？

不是說射精沒有正常次數，只要滿足慾望就可以，那如果我真的都沒有慾望，長期都不射精會不會怎麼樣？這個問題，你試著轉化成食物看看，長期都不吃飯會不會怎樣？當然會。即使沒有正常次數的規範，也不能過猶不及。每射精一次，前列腺會分泌前列腺液，增加整體管路流動，加上前列腺會分泌液體，若你都沒有讓它射出，被分泌出來的前列腺液就會一直累積，就好比溝渠內的水都沒有流動一樣，容易發臭，而前列腺也就容易導致無菌性前列腺炎。

以上四個是射精最常被問到的問題，藉著了解射精的機轉後，再解答說明。希望在圖片搭配下，你們可以更融會貫通、更了解自己。

同場加映

在射精前，因興奮而出現在龜頭的分泌物，是尿道球腺分泌的尿道球腺液（請看第35頁的圖），不是前列腺液，請不要再搞錯囉！

你有高潮過嗎？妳的高潮是哪一種？

「妳高潮過嗎？」

「有吧!?」

「如果有高潮過，應該滿明顯的，怎麼妳好像不確定的樣子？」

「高潮會怎麼樣？」

「那妳就是沒高潮過。」

「我有啊！我有很快樂的感覺，過程是舒服的。妳在講的是什麼感覺？」

女人聚在一起時，通常會出現以上的對話，到底什麼是高潮？

統計上，有的女人一輩子都沒感受過高潮，甚至覺得性愛到底有什麼好的，自己的角色都是在配合地多。

講到男人的高潮，大部分的人都會想到射精；那女人的高潮呢？女人沒有射精，也不見得每個人都有潮射，我要怎麼知道自己高潮了沒？

在性愛裡，女人的感受存在著多樣性，因此，在性交過程中存在著很多可能，不像男人一樣明顯。在討論性交過程中的感受時，有的人對高潮很有共鳴，有的人卻像局外人般聽不懂。其實，女人在性興奮的時候會有幾種型態，很遺憾的，不是每個人都會達到高潮；有的人可以多次高潮，有的人僅能一次，有的人沒有高潮但是很滿意；有的人一直處在興奮中，但就是一直無法到達高潮的狀態，到後來只感到煩躁；有的人則是連興奮感都沒有，整個過程只有摩擦的感覺，就這樣隨著摩擦的頻率直到結束（見下頁圖）。

過去沒有適當的教育，教我們在性愛時該注意什麼，只能透過自我探索。所以，在不同認知的建構下，要透過陰莖摩擦達到陰道高潮，實在有困難。不過，性愛的重點在於大腦的感受，並非取決於生理高潮。

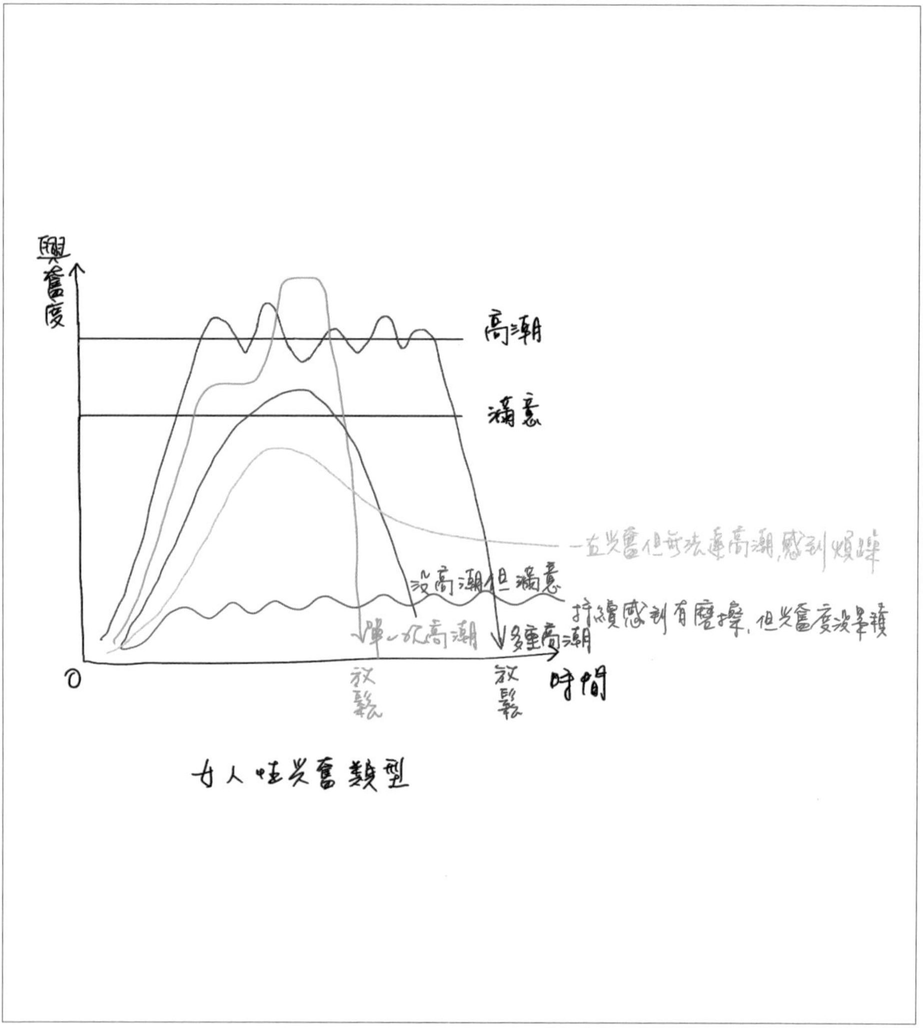
興奮度
高潮
滿意
一直興奮但無法達高潮，感到煩躁
沒高潮但滿意
持續感到有磨擦，但興奮度沒累積
單一次高潮
多重高潮
0
放鬆
放鬆
時間
女人性興奮類型

女人若想要感受自己的興奮類型，最好的方法就是「自慰」。透過對自我的探索更了解自己，妳得先知道如何讓自己獲得快樂，才有辦法引導身邊的人為妳帶來快樂，不是嗎？妳可以先嘗試用自己的雙手，也可以透過情趣用品，帶妳到快樂的地方。女人一輩子真的得感受一次自慰帶來的高潮感。相信我，自己帶來的愉悅遠遠勝過別人給予的。

圖中的五種類型：多重高潮、單一次高潮、沒高潮但滿意、一直興奮但無法到達高潮，感到煩躁，以及持續感到有摩擦，但興奮度沒有累積，你是哪一種呢？

男人的連續高潮：乾式射精

眾所皆知，女人可以連續高潮，男人只能射精一次。其實，男人也可以連續高潮，只是這次就不是透過摩擦陰莖了，而是找到你的P點（Prostate point，類似女人的G點）。

摩擦前列腺獲得的高潮感，又稱為乾式射精。有的人會勃起，不一定會射精；有的人會射精，不一定會勃起；有的不一定會勃起，也不一定會射精。每個人的表現方式不一樣，但不管有沒有勃起或射精，你都可以有高潮的感覺，而且這種高潮可以連續且多次。

你必須隔著肛門的腸道才能觸碰到前列腺，但很多男人聽到「肛門」就退避三舍，好像只要做了這件事，就會被貼了標籤。請各位不要活在迷思帶來的恐懼裡，就研究顯示，並非同性戀都喜歡肛交，而且，異性戀也很享受肛交時帶來的愉悅。試過肛交的男性（有同性戀也有異性戀）都跟我說，只要快樂過就回不去了，而這樣的快樂，我想也只有你們自己能感受到。

提供你們一個性交的姿勢，請伴侶幫你口交，同時搭配指交（肛交），當陰莖和前列腺同時被刺激時，那種興奮的感覺已經不是我可以描述的了，請自行感受。現在也有專門摩擦P點的情趣用品，不妨試試看！

肛交注意事項

① 事前三天可以開始進行清流質食物，減少腸道內的糞便量。

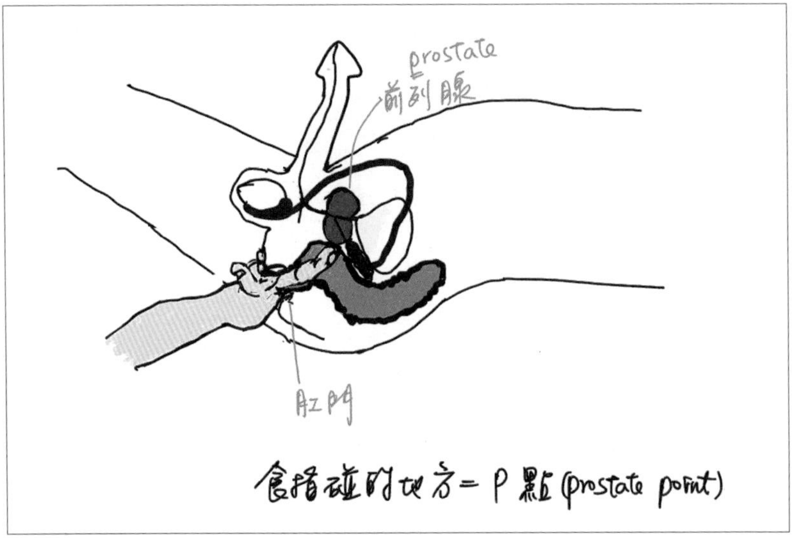

②可在事前使用小量灌腸清潔直腸即可。正常情況下，人類的直腸是排空的，不需要刻意大量灌腸。

③將指甲剪短（至少食指和中指），避免劃到腸壁導致受損。

④使用肥皂洗手30秒（內外夾弓大立腕），移除附著在指縫及皮膚上的致病原。

⑤使用指險套或保險套，增加性交的安全性。

⑥務必使用**矽性潤滑液，減少和腸道壁的摩擦**。腸道不會自行分泌體液，所以一定要使用潤滑液；特別要用以矽性為主的潤滑液，比較不會做到一半時乾掉。

⑦結束後，不需要刻意清潔腸道。

⑧請保持開放的態度享受當下，一切都是輕、柔、慢的進行，讓彼此的身體都可以得到放鬆。記得觀察雙方的感受，不要操之過急，有沒有達到高潮不是重點，用心體驗這個親密時刻才是最重要的。

聖人模式只有男人有？妳的聖女來過嗎？

首先，我得強調高潮有分兩種，一種是生理表現，另一種是大腦感受。追求高潮，我認為大腦感受到的愉悅感才是真的（當然每個人可以有自己的想法，有些人享受於體驗生理高潮也很好。）會這樣說的原因是，並非每個人在感受高潮的時候一定會有某些特定的生理反應，若為了追求對方是否有達到高潮而忽略享受兩人在性愛中的情感交流，這樣就本末倒置了。

進入正題。

有一次到大學演講，一位學生發問：「老師，我想問一下為什麼男生在高潮後會有聖人模式，但女生沒有呢？」我說：「聖人模式是達到高潮後都會出現的生理反應，不限於男女。」學生接著說：「所以不是女生沒有，而是……女生很少高潮？」「也不能完全這麼解釋。」我帶有點複雜表情沉重地回覆。

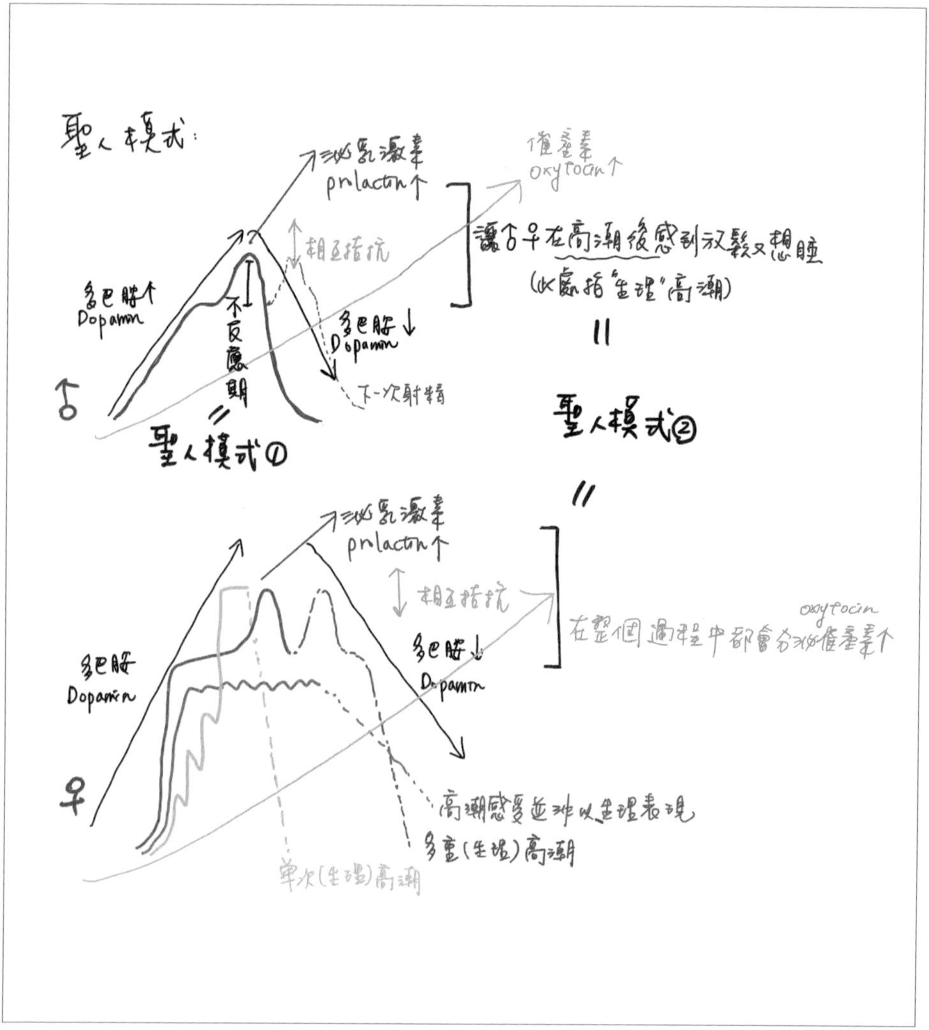
聖人模式：
泌乳激素
prolactin↑
催產素
oxytocin↑
相互拮抗
讓♂♀在高潮後感到放鬆又想睡
(此處指"生理"高潮)
多巴胺↑
Dopamin
不反應期
多巴胺↓
Dopamin
下一次射精
♂
聖人模式①
聖人模式②
泌乳激素
prolactin↑
相互拮抗
多巴胺
Dopamin
多巴胺↓
Dopamin
oxytocin
在整個過程中都會分泌催產素↑
♀
高潮感受並非以生理表現
多重(生理)高潮
單次(生理)高潮

大家對聖人模式的理解就是，完事後無欲無求的樣子。字面上看起來沒有錯，但這樣的說法很容易造成部分人的誤解：「我沒有過那種感覺，就代表沒有高潮嗎？」當這樣的情形放在女人身上，是否可以用達到聖女模式來代表有無高潮？其實，不能這麼果決地下定論。

看完所有對聖人模式的資料和討論，我整理了兩種聖人（女）模式，請看圖。

第一種：不反應期。

我們的性刺激分四個階段，興奮期（性喚起）、高原期、高潮期、消退期。對生理男來說，射精（高潮期）後，會出現一段「不反應期」，也就是這一次射精到下一次勃起射精之前的時間，每個人的不反應期長短不一；有的人5至10分鐘，有的人三至七天。也因此，生理男無法有連續多次的性高潮。

在研究上，一般認為生理女沒有不反應期，所以可以多次連續性高潮[6]。

6 在這樣的解釋前提下，生理女沒有聖女模式，因為沒有不反應期。

但也有研究顯示，生理男女都一樣會有不反應期；在這段時間，因產生心理上的極大滿足感，所以暫時失去了對性的興趣，若這個時候再多給性刺激，反而會造成對方不舒服。這也是為什麼有些男生在射完精後，當龜頭再次受到刺激時，會產生不悅甚至出現反感。而有些女生則說：「不是說女生可以一直高潮嗎？那為什麼我高潮一次就不想再被碰了！」這也是個體上的差異導致有不同感覺[7]。

7 女人有多種高潮型態，也包含單一次高潮，這種高潮型態就會出現不反應期而無法連續高潮，或者說是對高潮後的再度刺激感到不適而不願繼續。

References:

Rosenthal, Martha. Human Sexuality from Cells to Society. Wadsworth, 2013.
Crooks, R. L., Baur, K. (2001). Our Sexuality: Test Bank. (n.p.): Cengage Learning.
Schacter, D. L., Gilbert, D. T., Wegner, D. M. (2009). Psychology. England: Worth Publishers.
The Corsini Encyclopedia of Psychology, Volume 2. (2010). England: Wiley.

第二種：高潮後的賀爾蒙變化。

所以，只要有大腦高潮的感受，都會出現這樣的情形，在這種聖人（女）模式中，不見得每個人都會出現生理高潮的表現。當人在高潮的時候，會有不同的生理表現，這些多是不自主的行為；同時，身體也會分泌不同的賀爾蒙（多巴胺、催產素、泌乳激素、腦內啡……），伴隨整個性愛過程，在體內產生各種交互作用。同時，因為賀爾蒙的變化為我們帶來很大的快感、愉悅感，以及滿足感（多巴胺和催產素的分泌），接著還會出現全身放鬆、想睡，呈現一種靈魂出竅的放空狀態（泌乳激素作用），此時，就是所謂的聖人（女）模式。

大部分的聖人模式出現在生理男居多，一方面有可能是體驗過高潮的女性不多，另一方面也有可能是高潮後的感受比較沒那麼明顯。下次，當你發現你的伴侶怎麼射後不理或倒頭就睡的時候，先不要生氣，也不要覺得他把你當作洩欲的工具，就認為自己是不是不被愛了。這正是因為他獲得了高潮滿足才會出現的現象；當然，這也不是用來合理化男人射後放空或倒頭就睡的藉口。請記得，當對方對自己多一點理解的時候，我們也需要適時地展現自己的體貼。所以，下次射精完別急著躺下，記得先抱抱對方，這樣可以減少彼此經歷高潮後的失落，也會更加兩人之間的親密感喔！

你有天然威而鋼嗎？談性功能好的必要條件

性功能之於男人就好比身材之於女人，是人類一輩子都在追求的事情。追求性功能好並不是壞事，只是我懇請各位不要盲從，不然畫虎不成反類犬，花了一堆冤枉錢還被冠上無能之名。

怎麼評估一個人的性功能好不好？得從三方面來看：體力、技巧、團隊合作。

一、體力

體力決定了男人有沒有辦法順利完成性行為，也就是說在性交的過程不會發生早洩或陽痿的情形。通常這個時候大家會問說：「那這樣是不是多練大腿就好？」練大腿肌肉並非是體力的唯一標準。除了重量訓練鍛鍊肌肉力量之外，培養好的心肺功能更為重要。

重量訓練主要在肌肉質量的培養，增加個部位的肌肉和力量，都能增加性愛中的強度和耐力，還有控制射精的程度，尤其男人最在乎的「持久」。真正的持久不在於整體性愛時間中你換了幾個姿勢，而是單一次到達高潮之前的那段時間，**你必須確保在7至9分鐘之內，可以維持高速不中斷且持久的抽插，而且不能射精**，直到女伴達到（陰道）高潮之後[8]，再同步完成射精。

除了持久，運動對於睪固酮也有一定的影響。

男人從三十歲開始，睪固酮（男性賀爾蒙）就會開始下降，四十歲之後則以每年1至2%的速率斷崖式降低，所以延緩睪固酮下降速度，變成一件非常重要的事。維持男性賀爾蒙的濃度，除了可以維持性慾之外，還掌管了

8 女人的「高潮」來得比較慢，無論是外陰或內陰高潮，都需要一段不短的時間來培養累積。女人不像男人可以控制興奮的程度，一旦停止性器摩擦，即使快要達到高潮，也會瞬間歸零。每個人到達高潮的時間不一，有的人快、有的人慢，但是幾乎都需要7至15分鐘不等的時間。此外，女人的陰道高潮感受比外陰高潮弱，**陰道高潮通常會在性器高速持續摩擦大約7至9分鐘的時候出現**（顧名思義就是陰莖務必維持7至9分鐘內一直動，不得暫停）。然而，大部分的女人無法於性交中感受到真正的高潮，畢竟沒幾個人辦得到，除了情趣用品。

免疫、代謝、情緒、骨骼以及毛髮的生長。運動是增加體內睪固酮濃度的關鍵，運動的持續時間、強度和頻率，都會影響血液中睪固酮的濃度高低，研究顯示，進行高強度的重量訓練可以促進睪固酮的分泌，因為運動刺激肌肉，也刺激身體增加睪固酮的需求，因此可以幫助提升睪固酮的水平。

除了重量訓練，有氧運動也對睪固酮濃度有正向影響。

長時間、適當強度的有氧運動，能夠幫助新陳代謝，也促進心臟血管的健康，研究顯示，有氧運動也會提高體內睪固酮的分泌。另外，任何可以「提高心律、讓你感覺有點喘，但還可以說話」的運動，都能促進血流，不僅能維持血管功能，還能降低勃起功能障礙的機率。

有氧運動的重要性不止於此，最重要的是：好的心肺功能能讓你不費力的完成性活動[9]。當一個平時沒有運動習慣的人在進行性交時，會因為當下

9 身體並不會分辨你現在是在做愛還是在跑步，然後還貼心的在你做愛的時候還維持你陰莖內的血液充盈。對身體來說，只要讓心跳速率和耗氧量增加的活動都是運動，身體為了不讓心肺太累，只好指揮全身的血都回來支援。

的心跳速率突然增加，而迫使血液回流至心肺處，當全身的血液都往至關性命的器官跑的時候，陰莖的血液也不例外。因此，在你感到做愛很喘的同時，偶爾還會伴隨「咦？怎麼軟掉了！」的情形發生。不要懷疑，它在提醒你，該培養運動習慣了。平時有運動習慣的人，性生活對他來說不過就是一個日常活動，既沒有軟掉的恐懼，也沒有無法持久的擔憂。與其看陰莖大小來決定一個人的雄風，不如看這個人的運動習慣，還比較看得出來這個人的床上魅力如何。

性健康・自修教室

另外，我想補充的是，運動也是女人天然的滋陰劑，尤其是有氧運動；有氧運動有助於性愛的反應和感受，血液循環越好，性興奮的反應就越好。除此之外，血液循環是女人感受高潮的關鍵，充足的血流會促使性器充血，增加敏感度和潤滑程度，除了維持健康，也為整體的性生活加分。

二、技巧

讓女人高潮，除了持久之外，還得摩擦對地方。無論是前戲的指交或重頭戲的體位，只要你有好的技巧，即使沒有雄偉的陰莖，我敢保證，你的伴侶對性的滿意度一定比「只有中看不中用的鳥」還高。

許多人都把A片內誇大的內容拿來用在現實中，你們一定要知道：A片**的存在只是為了性刺激**，而不是為了教學。真正該學習的是你的經驗還有彼此間的溝通，技巧要好，只能透過經驗累積，不斷練習，沒有別的方法了。

三、團隊合作

好的團隊合作會讓團隊成員更樂於享受，這樣彼此未來才會有更多的床第活動。當然，這個團體只有你和你的伴侶。

好的團隊合作包含了幾個要素：①你們之間的溝通程度。你們的情感和默契，是否讓彼此都感受到重視，這都是很重要卻總是被忽略的地方。②以「我們」為中心，而不是以自我滿足為優先；兩個人必須擁有共同的目標（彼此都能高潮），而不是為了滿足伴侶而犧牲自己的快樂，或者只顧自己爽。

③每個人都是獨立的個體，不隨意和別人比較。無論是感情或性愛中，我相信沒有人喜歡被比較，畢竟每個人的優缺點不同，我們要做的是好好感受伴侶的優點，而不是透過比較強調伴侶的缺點。

如果總是被比較，誰還會想把做愛當作是享受的事？

我拿打ＮＢＡ籃球來做比喻，只要能進ＮＢＡ都已經是外在條件及格的人了，一個優秀的籃球員不取決於身高多高或體型多壯，而是這個人打球的技巧、體力、和團隊合作的能力。經過這樣的比喻，你們應該更能理解我想表達的吧！不要再把重點放在長度或粗度，我相信99%的男人都已經擁有及格的陰莖（7公分以上），你們接下來要做的不再是盲目的渴望加長增粗，而是增強體力、技巧練習，和促進彼此之間的情感交流。

吃了威而鋼還是不行？

「威而鋼」又叫「藍色小藥丸」，被男人視為「壯陽之救命仙丹」，所以，年紀小至青少年，老到隨心所欲之年，都有人在吃。但是，為什麼有些人怎麼吃就是怎麼沒用？反而吃到身體不舒服，甚至還有陰莖發黑、切除的可能！

我在學術研究過程面談了上千位男性（生理男），從中讓我更了解「教育」的重要性。性的存在沒有錯，有問題的往往是看待這件事的人；如同威而鋼一樣。威而鋼絕對有它存在的必要性，問題在於我們怎麼使用它。很多人問我：「老師，為什麼妳那麼反對男人吃威而鋼？難道妳就那麼不希望女人幸福嗎？」當然不是！我之所以一直堅持教育的原因，就是希望每個人都可以掌握自己的幸福，而不是被人言或迷思牽著走。

我希望你能先搞懂「到底什麼是壯陽？」又或者「你要的壯陽又是哪一種？」我相信你們一定知道，一段好的性關係絕對不會只取決於單一情況。

我先從最多男人重視的地方著手，也就是你們最在乎的「陰莖的性表現」，這應該比壯陽更具體也更好理解吧！

首先，最重要的是「硬」，其次則是「持久」

硬度，完全取決於「血管的健康程度」和「放鬆的心情」。如果，你本身有三高（高血壓、高血糖、高血脂）或代謝症候群，那麼請你先去求助醫師控制好你的血壓、血糖、血脂和肥胖。把血管的彈性養好，才有硬的可能。如果，你是個容易緊張或總是把性事看成表演一樣，那麼也請你先學會放鬆，重新調整自己看待性的心態。你得知道「勃起和勃起的維持，是副交感神經調控的。」你得先勃起，才有辦法使陰莖的硬度增加，這有點像「水龍頭得先打開（副交感神經啟動），才會有水流出來」。這時，就會有人說：「吃威而鋼就好了啊！省得麻煩。」當然，在特定條件下，威而鋼能夠帶來的就是硬和持久，但如果事情有那麼簡單的話，就不會有那麼多人終生為性苦惱了，不是嗎？

威而鋼的目的在「血管擴張」，而且是「全身的血管」

你一定要有一個觀念：「吃進去的東西，不會只作用在局部」。如同肥胖一樣，不可能只胖某個地方；減肥也是，不可能只瘦你想要的部分。如果你沒有先準備好血管，吃再多壯陽藥也是枉然；就像一條帶著鏽且毫無彈性的水管，水量再大，也無法乘載。切記！威而鋼的作用不是用來「啟動」勃起，而是在於「維持」勃起。如果你沒有辦法好好的學會為自己緊繃、急躁的個性踩煞車，就像緊閉的水龍頭，即使水庫蓄有再多水，也沒地方去。

威而鋼不是仙丹，不可能一吃就硬，服用藥物之後，**必須要發生愛撫或擁抱等讓你產生性興奮的事情**，大腦才會釋放傳導到副交感神經的物質，讓海綿體的內皮細胞，分泌一氧化氮使血管擴張；此時加上藥物的輔助才有意義，你的陰莖才有可能處於充血狀態。一旦停止性刺激，勃起就會消退；藥效大約可維持四個小時，沒有性刺激就不會發生持久性勃起。但是，再怎樣厲害，它都還是藥，只要是藥就會有副作用。由於是全身的血管擴張，只要身上有血管的地方都有可能出現症狀：有些人會出現陰莖異常勃起[10]，有些人會頭痛、臉潮紅、眼睛充血、視線模糊、鼻塞或鼻咽炎，或是消化不良等不舒服的情形發生。

10 這時的異常勃起可不是讓你用來炫耀、驕傲的。在威而鋼發揮藥效時，正常情況下，只要沒有性刺激，就不會出現（持續）勃起的現象。但如果你服用威而鋼之後，勃起時間超過四個小時，一定要立即尋求醫療協助。這時下體會有持續性的疼痛，在疼痛性勃起超過六個小時沒有馬上治療的話，可能會發生陰莖組織損壞，以及永久喪失性能力。

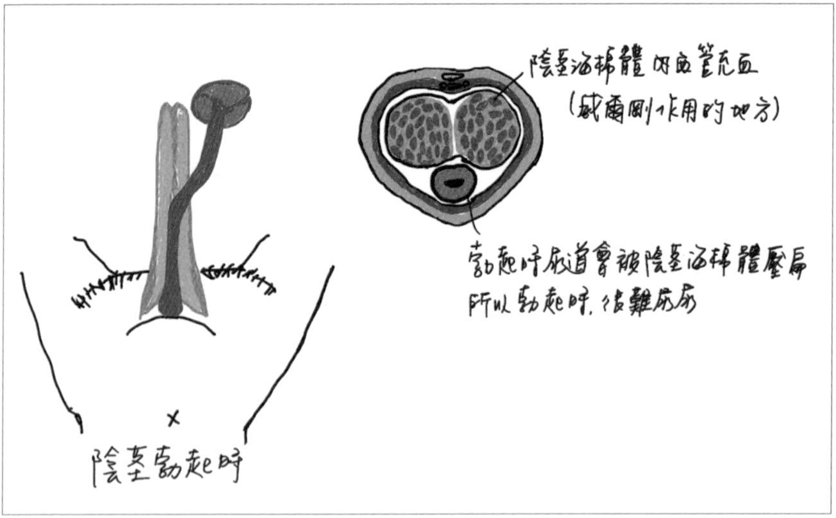
陰莖勃起時
陰莖海綿體內血管充血
(威爾剛作用的地方)
勃起時尿道會被陰莖海綿體壓扁
所以勃起時，很難尿尿

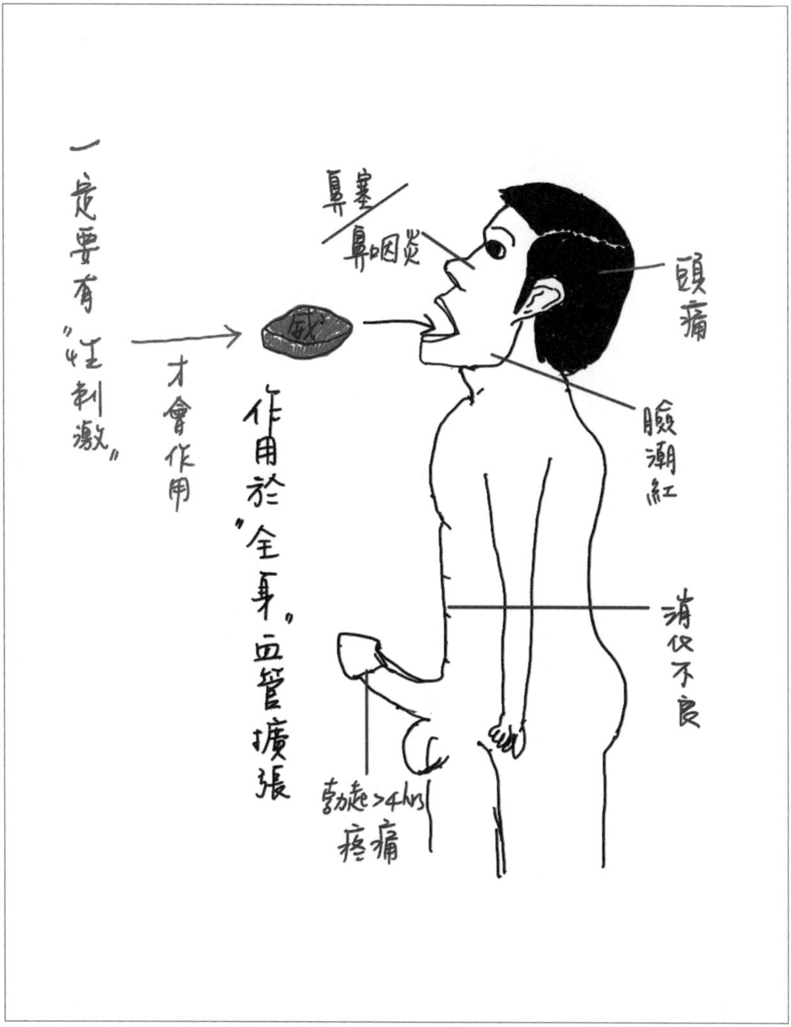
一定要有"性刺激"
才會作用
威
作用於"全身"血管擴張
鼻塞
鼻咽炎
頭痛
臉潮紅
消化不良
勃起>4hrs
疼痛

最後，我最反對你們私自隨意服用威而鋼的原因就是：你在非必要的情況下使用藥物，有可能會產生心理上的錯誤暗示；你會認為「是因為服用藥物，我才有這樣的表現。」因此在沒有使用藥物時，你便會有「今天沒有服藥，會不會因此表現不好？」的擔憂，偏偏焦慮會活化交感神經，導致無法勃起，如此一來，你就會更加認定「一定是因為沒有服藥，才無法勃起」。

在這樣的惡性循環下，對藥物的依賴程度有可能會隨著你的心理狀態改變，甚至有的人情急之下，一口氣吃了數顆威而鋼，造成欲哭無淚的後果。事實上，你的性表現與藥物無關，真正的原因是：你因為吃了藥所以安心，好的性表現其實是放鬆所帶來的。

還記得前面說的嗎？威而鋼並沒有幫助你啟動勃起的功能，勃起還是得靠你自己。

你只想要單一次被挑起的快樂？還是一輩子都可以掌控的幸福？並不是每個人吃威而鋼都會有一樣的效果，它就像火種，沒有火源（慾望），沒有助燃劑（性刺激），光有火種也是徒勞無功。若能掌握好身體和心理的健康，我相信，你必定能好好享受性帶來的愉悅。

性健康・小提醒

犀利士（Cialis）、威樂壯（Levitra）、威而鋼（Viagra）均為處方用藥，務必經過泌尿科醫師的諮詢與診斷，才可使用此藥物，切勿自行於藥局或網路購買。

我想要再長一點？

「可不可以再長一點？」

「有什麼辦法可以再大一點？」

「要怎樣才有可能變長？」

這是我從講性教育開始就一直存在的問題。一開始聽到成人問這個問題，我的回覆都是：「現在不可能再變長了，除非手術或投胎。」到後來發現，似乎每個男人對「長」的概念與認知都不一樣。這一次，我分兩個部分來逐一解說，希望能讓你們更了解「長度」。

18歲以前的發育期

青春期是男孩逐漸轉變為男人的階段，大約從10至12歲開始，會有明顯的發育改變，在生理上逐漸成熟，也代表著這個男性是具備生育能力的。這個時候，由於性賀爾蒙分泌增加，會使身體產生一連串的變化，陰莖和睪丸也會在這個時候逐漸變長和增大。重點來了！這個階段是「陰莖要變長的時候」，如同人的身高一樣；很多家長重視孩子的身高，會在這個時候給小孩許多營養補充和運動刺激，因為我們知道，錯過這個黃金生長期，就再也長不高了，同理在陰莖上也是一樣的，青春期過後就定型了。發育時期，小弟的身高和大哥一樣重要，也是有一些事項需要注意的。

首先，很重要的觀念必須先讓大家知道，「每個人的陰莖長度在基因裡就決定好了」。（和別人比較之下的）長短遺傳自父親，與其說是讓陰莖長長，不如說是盡可能讓它長到應有的長度。而影響陰莖長度的關鍵，也就是這個階段的飲食和作息，透過飲食的調整和足夠養分的攝取，可以減少陰莖長不長機率。

飲食方面：除了老生常談的均衡攝取之外，有一個最重要的就是：**少吃飽和脂肪**。如果你很難做到健康飲食的話，那麼就減少外食和手搖飲料、少吃速食，盡你所能不吃油炸零食或油炸物。塑化劑和油脂都會影響男性賀爾蒙的分泌，進一步地會影響到生殖器的生長和發育。

生活作息：**少久坐，多運動，不熬夜，多喝水**；與其告訴你們完整的條列式健康守則，不如直接跟你們說一定要做到的事就好；這些看起來很簡單的事，但真的做到的人不多。因此，大多數人陰莖的發育和睪丸的生長，都在這個階段受到了影響，造成未來不可改變的遺憾。

另一方面，依照我個人閱讀文獻和諮詢個案的經驗，以專家身份建議各位正在懷男寶寶的母親們，請減少外食和喝手搖飲料的機會，最好也少吃油炸物和速食。在研究上已經證實，外食中攝入的塑化劑和油脂會影響男性賀爾蒙的濃度，這些飲食除了有可能會影響寶寶的陰莖長短，在孕婦的孕程健康維持也是有一定程度的傷害。

18歲以後的成年期

從生理構造來看，當你成年了之後，大部分的人都差不多已經完成生長。此時成年的男人陰莖有多長多粗，在青春期發育之時都已經決定，勃起充血後都會是一樣的大小。如果你還想要有更長的陰莖，也許可以先思考一下，你想要的是哪一種長？同時也多了解，在怎樣的情況下，陰莖長度有可能受到影響，是「因為正處這樣的環境情緒中，而有長度的改變」，並不是你的陰莖不夠長。

影響長度因素一：包皮的伸縮係數

在本書的〈下面真的一大包？〉章節裡有提到，每個人的包皮伸縮係數不同，所以勃起前和勃起後的長度會有差異。請不要只看一個人勃起前是大包小包，這一點都不準，真正的長度在勃起之後。所以，下次到全裸男湯或三溫暖的時候，不要再因為別人的陰莖長度和自己的不同而感到過度自信或自卑，只要是勃起前的長度，都不具任何意義，充其量只能證明自己有陰莖而已。

影響長度因素二：天氣

一旦成年，陰莖的真實大小已經不會改變，但陰莖內部的海綿體組織，本身就有脹縮的空間。在沒有勃起時，陰莖的血管會因為氣溫變化而出現收縮或擴張的情形，因此，在天氣比較炎熱的時候，身體為了散熱，血管擴張後會有更多的血液進入陰莖，「看起來」會變得更大。**建議新婚夫妻或熱戀中的小情侶，可以到比較偏熱的地方度蜜月或旅遊，以避免出現「怎麼那麼小？」的OS。**

溫度比較寒冷時，陰囊和包皮會皺縮，加上海綿體熱脹冷縮，因此，未勃起前的睪丸和陰莖的確會感覺變小了，不過也不用太擔心，一旦陰莖正常勃起，陰莖就會逐漸恢復正常尺寸了。

要怎樣更具體地讓你們感受陰莖是會隨天氣變化的呢？在寒流中上廁所，在尿急的時候，想要掏出陰莖就是件不簡單的事；反觀夏天，不管怎麼看都會比原本的大一些，也更好掏，當然在這個時候也更容易因摩擦而產生勃起反應，對於原本陰莖尺寸就比較可愛的人來說，也許夏天是更容易建立自信的時候。

如果你很介意在伴侶面前展現尺寸，我建議你可以在房事進行前先泡澡，假前戲之名，行作弊之實。在這樣的前戲中，不僅有鴛鴦浴的浪漫，更有熱脹冷縮的效果。你會發現，泡到一半再站起來，你的陰莖會呈現類似勃起的柱狀，而不是可愛的米粒狀。

影響長度因素三：包皮內縮

有時候陰莖感覺變小，也有可能是因為包皮往內縮導致的錯覺。有些男性的陰莖在勃起前後尺寸只差30%～50%（shower）；但有些男性勃起前後的陰莖大小可相差達3～5倍（grower），這些人在冬天感到陰莖變小的情況會更加明顯。陰莖勃起前後差很多的人，包皮通常會將陰莖和龜頭包住，當天氣冷時，因為包皮收縮更多，你會感覺陰莖縮得更小；勃起前後差異不大的人，包皮大多不會完全包覆龜頭，只包住一半或完全露出來，所以受包皮的影響不大。

影響陰莖長度四：興奮度

天氣較冷的時候，有的人為了保暖會選擇蓋著棉被行房，或上半身穿著衣服做愛，有的男人會因此少了視覺和觸覺的刺激而導致性興奮不足，進而影響勃起後的長度和硬度。建議你們可以在比較溫暖的地方進行，讓彼此都有機會感受到肌膚接觸，無論男女，都有助於提高對性愛的刺激感。

另外，男人對一個人產生的興奮度也會影響到勃起的長度。若你已經自慰過，或者近期內已經頻繁的做愛，也許你會發現這陣子陰莖勃起的表現不如之前又硬又挺，在相對沒有那麼堅挺的情況下，陰莖看起來也就會比較短小；若你已經禁慾一段時間或者和對方很久沒見，又或者正處熱戀期，無不想見到彼此的時候，你會感覺到興奮帶來的硬度讓陰莖看起來又大又挺，因伴隨著較大的刺激度和敏感度，有的人偶爾會出現太早射精的情形。

影響陰莖長度五：血管健康程度

本身有三高（高血糖、高血脂、高血壓）的慢性病患者，或有勃起功能障礙的患者，平常也要做好陰莖保暖工作。譬如：在天冷的時候，盡可能穿著包覆性較好的內褲，有助陰莖血液循環。

在翻雲覆雨之前，陰莖尺寸如果能比平常看起來大了一號，就好像身高高的先及格一樣，可拿到不少第一眼的分數。只是，最重要的還是實際互動時的技巧展現與溫度。

你「起秋」了嗎？

我相信「起秋」（起鵤，台語ㄎㄧㄑㄧㄡ）對大部人男人來說都不陌生。「起秋」就是「發情」的意思，說白話一點就是「你發情了嗎？」這時通常會伴隨著某種生理狀態：勃起。

勃起≠發情

首先，我想跟大家說明，陰莖勃起並不代表發情，只有「青春期到了，性賀爾蒙開始分泌，第二性徵出現的時候」的勃起，和發情比較有關係，在那之前，勃起現象都只是陰莖摩擦或脹尿反射造成的生理反應。

當胎兒還在子宮內的時候，就有觸碰生殖器的動作出現，很多時候，是我們想得太嚴重了，反而放大了這樣的行為，這只是人類本能對身體的探索，當嬰兒發現某些動作會讓自己感到愉悅或因此感到安撫時，碰觸生殖器的動作就有可能會重複出現。譬如：寶寶碰觸自己的生殖器或夾緊大腿刺激生殖器，這是「嬰兒期的自我滿足」；而四～五歲的孩童也會出現自我性刺激的行為，這稱為「兒童早期假性自慰」。

這些行為會隨著年紀漸長逐漸消失，無論是嬰兒期的自我滿足還是兒童早期的假性自慰，都與性慾無關，也和因性慾而出現的自慰不同，他們並不會操弄生殖器。此時，大人心理上的投射作用認為：「怎麼那麼小就會想這些有的沒有的」，往往都只是自己的主觀認知強加在客觀事實上罷了。

自慰行為和情感焦慮有關

根據研究顯示，**在青春期之前的假性自慰行為與性賀爾蒙無關**，大多與生長過程的情感剝奪有關。有很多小孩會利用假性自慰的行為來調節自己的情緒，或者安撫焦慮，這和咬指甲、吸手指有異曲同工之妙。父母親在這個時候最該做的就是「觀察」小孩最近的生活是否出現了令他感到焦慮不適的事。若有，就想辦法改善讓他產生焦慮的事件，而非指責小孩觸碰生殖器的動作。

想要改善小孩出現這樣的動作，可以採用忽略或轉移注意力的方式，一味的制止只會讓小孩更焦慮緊張，反而會強化了假性自慰行為。當你發現小孩又開始觸碰的時候，你可以先觀察他的心情，然後拿他喜歡的玩具或者其他替代紓壓的行為（去公園溜滑梯、畫圖、玩史萊姆等）吸引他，轉移他觸碰生殖器的注意力，接著要做的就是引導小孩，提供正確的知識。譬如：「媽媽知道你喜歡抓抓，但這是我們每個人最隱密的地方，有人在的時候不可以隨便碰自己的私密處喔！懂嗎？」再來，就是找到讓小孩產生這個行為背後的原因，小孩是因為「焦慮、緊張」所以出現「假性自慰」以此獲得安撫，找到原因才是真正重要的事。譬如：「媽媽知道你抓抓是因為這樣很舒服，但是這個行為在公共場合不好看喔！是不是因為換了學校，所以你覺得很緊張呢？」

和小孩談論與性有關的議題時，千萬不可以帶有色眼光

請記得，小孩什麼都不懂，更不懂什麼是「性」，請不要把大人對性的無知和恐懼強加到他們身上，這樣反而會讓小孩誤以為父母對性是厭惡、否定的，這樣很容易讓小孩在未來的成長上出現陰影，造成行為扭曲，當小孩到了青春期，開始因為慾望而自然發展出自慰的行為時，他腦中會浮現「這件事是不對的，是父母討厭不允許的」，因而害怕面對自己的性慾；這樣不自覺地壓抑會影響的不只是個人發展，還有兩性相處之間甚至牽扯到婚姻關係經營。小孩只是一張白紙，你越自然地和他討論，讓他知道這個行為是需要隱私的，也同時告訴他，如果緊張焦慮，可以用其他方式解決，這樣就好。

除了嬰兒或小孩自行碰觸生殖器的行為外，還有另一種與性慾無關的「勃起」會出現在孩童時期，那就是「摩擦造成」或「脹尿反射」。當你看到還沒青春期的小孩或嬰兒出現陰莖勃起時，千萬不要出現無知的大驚小怪行為，更不可以因此辱罵小孩。此時的勃起現象，只是因為尿布或褲子摩擦和膀胱脹滿尿，身體反射性地讓陰莖勃起，預防漏尿罷了。這個時候，你要

做的是觀察「是否尿布或褲子太緊?」或是提出疑問「你是不是想尿尿了?」然後帶他去廁所排尿。如廁後務必清潔雙手也是一個很好的教育時機，讓小孩從小就養成正確的洗手習慣（內外夾弓大立腕），可以避免許多成長後出現難以更改的惡習。

性健康・自修室

除了身體清潔，要盡量避免讓小孩穿偏緊的褲子。若天氣炎熱或褲子的材質透氣度不佳，很容易出現生殖器感染。切記！在幫小孩洗澡的時候，請不要強行把包皮翻下來，這樣會造成小孩疼痛，更會導致陰莖發炎，小孩的龜頭會隨著年齡越來越大，漸漸的突破包皮，99%的人到青春期都可以龜頭外露，直到這個時候才需要教育孩子「洗澡的時候記得將包皮褪下來洗」。

到了青春期，因為性賀爾蒙開始分泌，此時的勃起反應會比較明顯；也因為此時身邊圍繞的已不是父母，而是同儕，所以更容易感到尷尬。青春期，除了出現性慾，以及受到性刺激會出現勃起反應之外，只要有輕微摩擦（騎踏車與坐墊摩擦、外褲太緊的摩擦、在床上側睡與床墊或棉被的摩擦）都有可能引起劇烈反應。

但是，這不是因為你比較色，也沒有生病，就只是因為年輕，只要忽略它一段時間，它就會回到原來的狀態了，而這樣的情形也會隨著年齡漸增而越來越少出現。此外，因為陰莖勃起受到副交感神經控制，所以當你「感到放鬆」或「想睡覺的時候」，也會出現勃起反應，這狀況比較常出現在午睡起來的時候，或者放鬆想睡的狀態。你只要知道這是正常的生理反應，給它一段時間，它就會恢復正常。如果看到身邊的人有這樣的情形，也不用沒事對著空氣尷尬，這時的勃起反應絕對與你無關！尤其是當你心裡出現「他怎麼會在我面前勃起？是因為喜歡我嗎？」或「他怎麼那麼色，看到我就勃起了！」的時候，真的是百分之百多想了！

勃起，是每個男人都會有的生理現象，背後代表的原因有很多。當你擁有更多知識，加以融會貫通後，再把過去將勃起和色情畫上等號的迷思拿掉，你再回頭看這個現象，便會覺得自然多了。請記得，現在我們對「性」相關知識感到不適的原因，都是來自於過去不願面對的壓抑，試試改變心態，我相信人生會跟著轉變到更好的狀態。

第2篇

當愛來的時候，你會想要……

為什麼給人類性慾，卻不允許做愛？關於未成年不能做愛這件事

有很多人問：「既然青春期開始就有荷爾蒙分泌，讓我們有了性慾，為什麼法律要規定未成年不能做愛，而且還是重罪？那你要他們怎麼辦？而且，有些是小孩子主動要求的，在興頭上要怎麼拒絕，既然他們都自願了，又為什麼不行？」

我相信，以我們過去的傳統文化和教育空缺，這樣的問題是有可能出現的。我希望透過這篇文章可以讓你們更能了解：為什麼會有這樣子「看似違反人性的規定」。

在生理上的發育，從八到十歲開始就會出現第二性徵，男生有射精表現，女生會來月經，那也就意味著這時候的人已經具有懷孕能力。但是，人類並非只有生物體，我們的存在還同時包含著心靈（心理）。

對人類發展來說，心理成長是不可磨滅的一環，所以**必須要等到人的生**

理和心理都同時達到成熟的年紀，才可以進行性行為。

性行為是需要負責的事情

也就是說，在一個人還沒有辦法為自己的行為負責之前，性行為是無法存在的，所以理論上，懷孕這件事情不會發生，也不能讓它發生。

對於已經開始有生理發育，但心理發展上還沒有同步成長的小孩子，就好像是一個已經可以進食，但還沒具備選擇食物能力的人（之於奶貓）。從別人的烹煮當中，他們還無法判斷什麼是對自己有害，什麼是不適合自己，甚至自己該不該選擇這樣的食物吃，此時，只有吃父母提供的（吃主人給的）才是最安全的。在學習成長的過程，透過家庭以及學校的教育，慢慢懂得怎樣的食物才是安全又好吃的，進而在未來交朋友時可以和諧的一起煮出一道美味的餐點（當野貓時，才有能力分辨什麼東西是可以吃的）。

那麼「如果是他們自願的話，也不行嗎？」

當然不行！原因是，**建立在無知之上的意願是不帶任何意義的**。就好像嗷嗷待哺的小鳥會本能的張開嘴巴，但這就代表牠們懂得分辨是食物還是毒藥嗎？

還處在心理發育過程中的小孩子或青少年，最需要的是教育，而非順從。即使這個時候的孩子表達了意願，身為成年人的我們，也應該要知道這樣的行為對他們的成長是有害而無益的。

你現在還會認為只要小孩有意願，你就可以和他上床嗎？

你還會認為這樣的行為，你沒有犯罪嗎？

這種藉口就和「我怎麼知道嬰兒吃湯圓會噎死，他就想吃啊！難道我拿給他吃也有錯嗎？」一樣可笑。

過去，也許大家在性教育上還處於懵懵懂懂的狀態，但隨著社會越來越進步，知識也越來越普遍，這樣的理由和藉口，不應該再出現。

希望以上的比喻，能夠讓你們更理解我想表達的。在孩子的心理狀態還沒有成熟到可以為自己的行為負責時，當孩子的社會經歷還沒有多到足以判斷現在與人的接觸會對自己產生什麼樣的影響時，這段時間的孩子除了持續接受正確的知識教育以外，是必須受到法律和家長保護的。如此一來，才可以避免孩子在心理狀態尚未健全的時候，受到不可抹滅的心理創傷。

畢竟創傷一旦造成，即使傷口會隨著時間痊癒，但是疤痕會永遠存在。沒有人希望自己或者自己的後代有不好的成長經驗，讓我們承擔起成年人應有的責任和需要具備的知識，一起好好守護我們的下一代吧！

我們的第一次

「第一次」是每個人一輩子當中一定會發生的，如果這次感受良好，就會期待下一次的到來；如果這一次感受不佳，下一次也就不會再選擇光顧。無論哪個面向都是一樣的（包括吃的餐廳、喝的飲料、購買物品的商家、娛樂的場所，同時還涵蓋了性愛關係）。這個第一次，決定了你未來對這件事的感覺和看法。

不以自我為中心

與其他面向相較的「第一次」，似乎是以自身的角度來評斷外圍的環境和互動，來給你此時此刻的感受。但是，**在性愛關係中並不是以「自我為中心」的標準來決定和你互動的人是否適合自己**。

經營關係沒有絕對的立場，也沒有絕對的是非對錯。這一點是我常常提到的論點，如果你能把這種「沒有對錯，只有立場不同與看待的角度不一樣」的想法注入到血液當中，也許你在未來遇到類似的問題時，會減少很多不解或疑問導致的執著之苦。

第一次之前的心態

當你在評論對方給你的「第一次」是怎樣的經驗時，你也正給對方他的第一次感受。在親密關係的這條路上，我們更應該先把自己做好，所謂做好自己，最基本的就是：具備充足的認知。

有足夠的認知，你才有辦法選擇適合你的對象；如果認知不足，幾乎都處在無知的狀態，那麼，你很難擁有選擇權，而且通常會變成那個被選擇的，在兩性關係中也大多是比較弱勢，或者對自己的存在感到比較低自尊的人，這樣的人習慣以犧牲付出來獲得回報，並非出自於「主動的慾望」（付出不帶有回報的期待），這不是互動，只是一種「交換回報的手段」。

這兩者的不同在於「這個人感受這件事當下的心情」，一個是他對你有主動的慾望，所以他渴望和你有互動，他是喜歡做這件事的；另一個是他為了想要的目的，會選擇討好與妥協，但他不見得喜歡這件事。在性關係中換來的結果就會是：主動求愛時，和你是兩情相悅的，感受是互相的、能量是轉換的。譬如：有些人會想辦法讓自己穿得更性感、環境佈置得更浪漫、在耳邊講呢喃的話語並沾上迷人的氣味，為了吸引你。另一種則是被動等你找，他會配合，但是他與你之間的互動並沒有辦法讓你感受到太多回饋。譬如：有些人會覺得，為什麼我老婆像一條死魚一樣？為什麼我老公好像只想交作業匆匆了事？

我很喜歡用做飯比喻，也許可以讓你們更了解。主動的慾望就是：我今天想煮飯給你吃，為了讓你也想吃，所以我會煮你愛吃也好吃的。另一種就是：我會煮飯，但要等你喊餓我才會煮，不然我不會沒事主動煮飯給你吃。一個是享受在其中，另一個對他來說並不是享受，只是討好。

沒有人需要在關係當中，以高自尊來強調自信，或以低自尊來展現包容。

所有的自信感受都來自於進入關係之前，你就要知道你自己的價值在哪裡。

第一次何時開始？

性愛中的「第一次」，只能發生在成年之後（詳見上一章節：為何未成年不能做愛）當男女開始出現第二性徵，荷爾蒙開始分泌，也就是性慾開始出現的時候。這時隨著兩性間的互動，會產生好感、欣賞、喜歡，甚至是愛（在這裡我不特別討論這四個詞的定義各自為何，對我來說是完全不同的狀態，但在這一篇就先姑且泛指：你想和這個人進入一段有情感互動的關係）。

因為喜歡，當兩個人之間的情愫發展到某一個程度的時候，自然有身體接觸的渴望。那麼，從牽手、擁抱、接吻、愛撫進而到性行為，這一切要怎麼樣讓它自然且完整的發生呢？

想要有好的第一次，請先把你腦中所有對性認知到的（知識）、聽到的（迷思）、看到的（影片）拋諸腦後。你只需要知道一件事情，就是：

我很喜歡這個人，無論進展到哪一個過程，我只需要知道「我們在當下的感受是彼此接受而且是享受的」。同時我對待他的方式也不是以滿足自己的慾

望為主，而是以「對方是否有和我一樣的感受」為起點。這是所有青少年必須要牢牢記住的一點。

另外，也請忘掉電影或偶像劇內的情節，以及成人片裡的劇情，因為實際情況有99.9%並不會發生在現實生活，尤其是前幾次的性經驗中。

所以，在做愛前，你們都應該要有「我準備好了，你也準備好了嗎？」的認知。如果答案是肯定的，你就可以繼續往下一步進行；如果其中一個人是躊躇猶豫或者不知道該不該進行，那我建議你們就先暫停肉體更進一步的念頭，可以選擇維持在現有的親密互動中，它一樣可以感受彼此的渴望和身體的交流。

第一次最容易出現問題的就是在「性器的結合」，接吻撫摸擁抱的環節都已經讓兩個人處於興奮狀態，此時呈現雙方正彼此渴望以及陰莖勃起的狀態。

但是，往往在陰莖要放入陰道的那一刻，男方會以「怎麼突然軟掉？」「怎麼突然射精了！」「怎麼突然沒感覺了？」作為收尾。同時女生的心情多是「緊張到無法感受。」「我害怕會痛！」「啊！真的會痛耶，那我不要了！」因為這樣子的過程讓兩個人從此有了陰影，隨著這個陰影的發芽，影響到彼此各自未來的兩性關係與性生活。

第一次該怎麼開始？

正確的方式應該怎麼做呢？我不應該說正確的方式，畢竟在性愛裡面沒有什麼正確或錯誤，只有：怎麼樣可以讓彼此都感受到安全且享受呢？

當沉浸在性愛中的兩人，選擇坦誠相見，決定要有這一場性關係之前，就應該要有「陰莖放入陰道也是性愛的一部分」的心理準備，不要把它當作是門檻，甚至把它當作是一個表演，你越往這個方向想，你就越容易出現失常的行為。

女人能否感受高潮和男人能否持續勃起，取決於兩個人是否有放鬆。

放鬆是最基本也最重要的事情，會緊張的人也許可以喝一點小酒，或者做一些讓彼此都能放鬆的事。當心情和身體都放鬆時，男方要放入陰莖之前，可以在對方耳邊小聲的問：「感覺還好嗎？會不會不舒服？」在問的同時慢慢地，緩緩的，把陰莖往陰道口放入。如果對方會痛，你只需要先停止進入，但不需要拔出，就讓陰道口暫時先適應當時被擴張的大小，等到她適應之後再繼續往陰道內放入。如果女方不希望你再繼續放入，請拔出你的陰莖，結束這一次的性交。結束之後，誰都不需要為誰自責，有這樣的表現和感受是非常正常的事，每個人幾乎都發生過。

對方會痛是他（她）的感受，並不是「你不能」的事實，所以千萬不要把對方的感受跟你的性表現混為一談。對方的陰莖能不能持續勃起，取決於他當下的感受，和妳性不性感，動不動人，一點關係都沒有。你們要想的不是「是不是我不好他（她）才會這樣」，而是需要思考「這一次我的感受是這樣，下一次我要怎麼樣讓自己可以更放鬆。」

必備助攻物

另一件非常非常重要的事情，我強烈建議：所有即將進行第一次甚至每一次的人都使用「潤滑液」（水性或矽性，詳見《大人的性愛相談》）。潤滑液最主要的目的，是減少陰莖和陰道口的摩擦，減少繫帶的拉扯和陰道口的擴張感，讓兩個人都可以在相對比較舒服的狀態下，接受陰莖放入陰道的過程。

請刪除「一定是我（她）不夠厲害（濕），才用潤滑劑」的迷思，這只會讓兩個人都有可能造成「龜頭繫帶過度拉扯和陰道口撕裂傷」，導致你們都不舒服，表現不好，感受也不好。而且，還有可能讓彼此留下誤會和不好的感受。

第一次最重要的是？

第一次最重要的就是「**心情上的準備**」。請相信我，這真的才是最最最重要的事情！這樣的準備有點類似「**它即將成為你生活中的一部分**，你準備好迎接**它**了嗎」？

請不要將「第一次的經驗」與「人家會不會覺得我不好了？人家會不會覺得我不乾淨了？人家會不會覺得我怎樣怎樣了？」做連結，這些想法完全都是我們在性愛中出現的錯誤行為與迷思。希望從現在開始，可以不要再有這樣子的誤導思想。

心情準備好了，接著在性器上（陰莖或陰道口都可以）塗上些許潤滑液，一點點就可以（這個一點點的量不足以代表是誰不行或誰太乾），接著就嘗試把陰莖放入陰道，放進去的同時，請男方記得詢問對方「還好嗎？痛嗎？」如果對方還可以，那麼就繼續往前進；如果對方有點不能接受，那麼你可以選擇在原地停住或者拔除，等下一次準備好再來。

如果陰莖不是以輕、柔、慢的方式進去陰道的話，有可能造成彼此性器受傷，會讓女方有「做愛是痛的，所以我不想要再做了」的念頭。

痛感已經取代了性愛帶給彼此的滿足感，如果你希望你的伴侶每一次都可以享受，而且有慾望的跟你進行親密行為的話，那麼就請給他一個好的開始。

不管這一次有沒有順利放入、順利射精，或是高潮，都不代表任何人的價值，更不等於彼此在性愛中的魅力指數。你們只需要問自己「在這一次的感受是什麼？」讓彼此在下一次能夠更放鬆的享受這件事。

如同發生爭執，吵架的發生並不是因為你們不愛彼此，而是希望透過這一次的爭吵更互相了解，這樣兩人之間的磨合就會更滑順，摩擦也會更少；so called practice makes perfect。

願每個人都有美好的第一次，說美好其實有點太過了，其實只要能自然地接受「性交是生活中的一部分」即可。隨著個人的歷練和經驗不同，我相信你們越來越能感受性愛在兩性關係內的微妙存在。

那麼，你（妳）準備好了嗎？

他不小心闖進了我的生活

「一開始，我只是為了引起男友注意才假裝跟別人約會，沒想到後來……我真的外遇了，早知道不要用這樣的方式讓他吃醋，哀！」

「一開始，他完全不理我，我只能透過我最好的閨蜜傳達自己的想法給老公，沒想到後來……我沒跟老公和好，他反而愛上她了。」

這世上有多少「老公外遇閨蜜」或「老婆出軌兄弟」的故事，幾乎都是「一開始，我只是……，但是沒想到後來變成……」的模式。

真的有可能因為一開始沒有怎樣的念頭，就不會發生怎樣的事情嗎？在兩性關係裡（當然不一定），或者說，只要你接觸的是人，任何事都有可能發生。

在婚戀關係中，千萬不要輕易將局外人拉進你們的關係內

無論最初的目的為何，我只知道，一旦兩人關係內多了局外人，就不再只是一段簡單的關係了；不要覺得好像什麼都沒關係，而輕忽任何風吹草動，你要提高警覺，只要一有異動，請相信你的直覺。我不是要你們變得神經兮兮，也不是要你們帶著懷疑的眼光對待所有關心的人，而是人性的多變和相處的化學變化，不是你認為不可能就不會發生。

在關係裡，兩個人有彼此的好朋友，大家會一起聚會出遊，都是很正常的事。但是，請不要讓別人有傷害你的機會；也就是說，沒有這個人一開始的加入（兩人關係），任誰也沒有辦法傷害你，更重要的是，注意該如何「避嫌」。

有些人會覺得，「什麼事情都還沒發生，有必要保持警覺成這樣嗎？」同時他們也認為：「他們真的不可能會怎樣，這樣做反而好像我自作多情。」或者「這樣會不會讓他感覺我不信任他，好像在懷疑他一樣。」不管別人怎麼感覺，你都有義務保護好自己；這些事我以前都想過，也經歷了。

以前的我認為「在別人告白之前，我沒有必要假設他有可能喜歡我，擔心自己內心隨意揣測的念頭，會不會對那個人太不公平。」直到某件足以摧毀我人生的大事發生，才讓我體認到，就是因為這樣的想法，讓我自討苦吃了一段時間。

「欸！他好奇怪，已經有老婆了為什麼還要跟妳聊這種話題？」

「可能這是我的專業吧！他跟我分享了一些他的經驗，我們也討論了他遇到的房事問題。」

「到時候被他老婆誤會怎麼辦？」

「我們認識那麼久都沒在一起了，怎麼可能會突然幹嘛！而且他知道我的個性，更不可能會怎麼樣，重點是他結婚了，我不用自己幻想那麼多，而且他的約會對象我都知道，對他來說我只是一個可以聊天的閨蜜吧！只是我覺得他老婆滿可憐的。」

「好吧！妳自己小心一點就好。」

事前，好友的貼心叮嚀被我當成想太多。直到事發，他只傳一句「我老婆看到了，我不能再跟妳聊了！」我當時還回覆他：「你好好跟她解釋就好。」就這樣，我讓自己陷入了一個難題，太自以為的清白，就這樣活生生被未經證實且自製東拼西湊對話的報章雜誌，潑上了洗不清的髒水。

人性的善變我們永遠無法預測，利益前的醜陋更不是我們能夠想像的，尤其當一個沒擔當的人為了自保時。經過這件事，我學到的是：在關係中一定要以保護自己為優先，別忘了，**保護自己是愛自己最基本的事**。

當有人跟你說：「你可以幫我傳話給我女友／男友嗎？」的時候，千萬不要傻傻的真的照做，你一樣可以傳話，但記得多加一個動作「你所有的舉動，包括你們的對話或行為，最好也讓對方看得到。」可以使用「通訊軟體聊天室」的功能，或勤勞一點以截圖的方式傳話，只有這樣，你可以盡到朋友的忙，又不會造成多心的誤會，更不會製造不必要的機會給原本沒有要墜入愛河的兩個人。

當有人需要你幫忙時，請記得一切都照流程走，該簽合約的就簽，該預約的就約，或者要求對方在你的伴侶同在的情況下，再給予幫忙，就是把自己的男／女朋友一起拖下水當見證人。

我建議，正在關係中的你們，不管你是想要佈假局，還是只想找人聊天，請記得**不要把身邊的朋友拉進你們之間的戰局**（除非你想陷害他，這倒是一個好方法。），你可以找專家諮詢，或找長輩聊天。總之，請找一個與你們關係無關的陌生人，這樣他們也可以更客觀地幫你分析事情。

另外，我實在不太贊同傳話這個行為；即使對方在氣頭上不想和你對話，你仍可以用其他方法讓對方看到、聽到你想對他說的話，譬如：寫字條、寄電子信件、留言、傳語音等等，除非他是真的下定決心要跟你分開，不然，你一定有辦法聯絡到他。解鈴還需繫鈴人，找來外人傳話只會讓當初的結更難解。

沒有你的允許，誰搶得走？沒有他的互動，關係不會成立。

除非你一開始就允許任何意外的發生，不然在感情裡，請永遠不要讓其他人參與你們兩人之間的愛恨情仇。

情侶之間不能有祕密？

以下分成兩個子題：一、該不該讓他知道我的過去？二、我又該怎麼讓他誠實以對？

一、該不該讓他知道我的過去？

愛情需要忠誠，但全盤托出而不考慮後果和對方承受度的愛，是殘忍的。

有的人認為情侶之間不該有祕密，所以一交往，就什麼都說，妳說的時候多掏心掏肺，被傷的就多撕心裂肺。雖然在說的人看來這是誠實的行為，但在聽的人耳裡，卻是句句扎心。常聽到有人說，對方突然問起他跟前任（們）的過往，還強調自己絕對不會生氣，在禁不起對方情勒與撒嬌並濟之下，只好全說了。最後竟換來另一半的白眼，說：「我沒有生氣啊！只是這陣子都不想跟你說話了！」兩人因此冷戰了一個月。

事實上，不管對方問什麼，我想，對方都只希望聽到你說「之前的都不好，只有他最好」。在關係中，對彼此說謊是不好的行為，甚至會因此付出意想不到的代價，但如果說實話有可能讓你付出比說謊還大的代價，那麼有些善意的謊言還是必要的。在坦白與保留之間，我們必須學會拿捏隱私的界線，也許最好的回應方式就是：「我只記得現在的我們，過去的都忘記了」。身邊有的朋友則會回應伴侶：「你就是我的初戀，我沒有過去。」

兩性相處中，到底什麼該說，什麼不能說？在不欺瞞的前提下又可以保有隱私的界線該如何拿捏？我認為會影響「兩人共同」關係的，就是必須要誠實以對的事，尤其是建構家庭和傳宗接代。譬如：實際年齡、性傾向、身體健康狀況、家族遺傳疾病、貸款或有沒有正被討債等。

至於過去的個人經驗與感受，我覺得可以先思考一下說出來有可能造成的後果，再決定你是要保留或者坦露。這沒有標準答案，也無法設定統一標準去區分，畢竟每個人的認知、個性、價值觀，以及你們之間的感情深度都不一樣。但在這部分，我提供你們一個思考的方向。

不管是否為對方詢問或是你自己主動想說，都先釐清「這背後的動機是什麼？」

同一個問題，如果動機不同，是否該回答？又或者要怎麼回答的結果就會完全不同。

我舉一個曾經發生過的例子，玉豔（化名）問：「我到底該不該告訴劭輝（化名）我整型過？」

①為什麼妳會想把這件事說出來？是為了讓自己降低罪惡感，還是真的為了對方著想？如果不說出來，妳就會因為內疚變得畏畏縮縮，沒有辦法抬頭挺胸面對他？還是這件事情若一直隱藏著，妳會覺得一切都還活在過去，無法面對新的關係？

②對方為什麼會問？若他只是純粹好奇，那妳則需要考慮說出來之後，會不會造成無法彌補的傷害，還有妳能不能接受這樣的後果。若他這麼詢問有其原因，也許深入了解之後，妳便會知道該怎麼回答。

大部分的人詢問伴侶的過去，多數都是因為沒有安全感，而且，在問的當下，心中往往都已經有理想的答案了。好比問對方「你愛我嗎？」「你想我嗎？」等類似的問題，我相信應該沒有人是真的想聽到「我今天都在工作，怎麼可能會想你！」「你現在不就在我旁邊，要怎麼想？」「我們才剛交往幾個月，我無法知道自己是愛還是喜歡。」「我其實沒有你想像中的那麼愛。」一如實般的言論。

在回答之前，先弄清楚自己想說的原因和對方詢問的動機，會來得更重要。另外，在仔細思考之後，就不要再為了當下的決定而感到後悔或自責；無論是決定誠實以告、部分交代、避重就輕或有所保留，都已經是你當時經過深思熟慮後最好的選擇了。繼續往前走，過好兩個人的生活更重要。

有時候，適當的隱瞞並不違反誠信的原則。

二、我該怎麼讓他跟我說實話？

看完第一點，你應該可以理解，為了關係和諧，對方若能經過思考之後，再決定該怎麼回答你的問題是最好的，原因不外乎是：不可能真的有人可以置身事外。

只要你夠在乎一個人，不管他怎麼回答，你都會拚命往自己身上比較，總希望自己會是最好的那一個。不過，你是不是忽略了一件事？他現在選擇跟你在一起，就已經是最好的答案了，不是嗎？如果過去的都那麼好，又為什麼要分手呢？對吧！

但是，關於愛情這件事，當你真的愛上一個人，總會覺得自己不夠好。因為在乎，所以怕自己不夠好，會辜負對方的期待；因為想給對方最好的，就會下意識地覺得自己不配。愛一個人時，總會質疑自己，怕自己給不了對方幸福，漸漸地，你變得不自信，越愛越自卑。因此，才會出現「對他的過去產生好奇」的想法，卻又在他跟妳說了實話之後，感到憤怒或傷心。

如果真的想要聽實話，那就要做好「無論如何都不可以生氣」的心理準備。你得清楚那時的情緒是來自於「自己的自卑與比較心態」，並非他的嫌棄與厭煩；也只有當他感受到他說實話的那一刻，你是願意接受且真的沒有憤怒情緒的時候，他才有可能繼續對你坦誠。如果你做不到，那就連問都不要問。

若在問他問題之前，你心裡已經有了這樣的答案「我希望他口中說出的當然是過去不好，我最好。」那我奉勸你收回你的好奇，這時的你並不是真的想知道他的過去實情，你只想知道他現在最愛你。

我再強調一次喔！對方現在會跟你在一起，就是你最好、他最愛你的證明了，你所要做的就是繼續把自己做好、把感情經營好，他自然會越來越愛你，而不是找矛盾讓彼此一直爭吵，導致兩個人的距離越來越遠。

有時候，不要問不想知道答案的問題；如果你已經有標準答案，那就直接告訴他你想聽的話。

「戀人之間就該毫無保留，如果有所隱瞞，就是代表不夠愛。」這句話是情緒勒索。

世界上，不可能有人沒有祕密。因為愛，每個人都不想錯過彼此的過去，所以拚了命想知道所有的事，但其實更大的部分，是源自於對自己沒有信心。

急迫地想知道對方所有的一切，因為這樣才有所本，才能夠知道自己該怎麼發揮優點，又該怎麼不要犯錯，在不足的地方加強，該避免的就繞道，把對方應該毫無保留的祕密當作自己未來在關係中的憑藉。

你之所以用盡心力窺探一切，是因為你把祕密當成了阻礙感情的絆腳石，總認為只要兩個人之間沒有祕密，感情便可順風順水，風雨無阻；但是，在搬走祕密的同時，有可能因為勉強他說出不願說的話，導致他心裡的傷疤又再被掀開，這樣一開始的好意，反而變成了傷害對方的行為。

有時候，祕密的揭露換來的只是另一個祕密的產生而已，不要為了自己的心安，忽略掉對方在揭露自己時的心情。感情是兩人一起的，並非建立在祕密的有無來決定感情的濃度與好壞。其實，只要兩個人相處夠久，自然會隨著時間而越來越理解彼此。不需要刻意挖掘，有時候時間累積的默契，就能達到他不用說你也會知道的地步。

關係裡的第三者

who is the third party?

在進入這一篇之前，我得先說明一些事，以免被過度臆測而失去文章內的焦點。首先，我沒有站在任何立場，也沒有要幫哪一方說話，更與之前的週刊錯誤報導無關，並不是因為有了那篇報導，所以才寫了這篇文章。

若有心了解事實的人，你會知道在我的世界裡，整個事件與第三者無關，而是我不夠謹慎的行為造成的某次事件。至於為什麼在別人的故事裡，我會變成第三者，我就不多贅述，也不爭論些什麼，讓你們自己閱讀、思考與判斷吧！

關係內出現問題，我總是認為每一個和兩位主角有過交集的人都有責任，無論是當事者、第三者，或者旁觀者還是插話者等等，當事者的一個念頭、旁觀者的冷嘲熱諷，或插話者無心的玩笑話或苦口婆心的忠告，都會像蝴蝶效應一般，即使是微小的變化，都有可能導致事件有不同的發展順序，沒有人可以全身而退。

我一直以來都希望在感情裡的每個人，包括我自己，都能用最認真的心換來最真誠的情，但無奈感情路上並非如此，後來接觸到研究過程中所需要面對的個案們，漸漸地發現一些我們不自知的盲點。在覺醒之後，經過多年的自省與面對分析，避免盲點效應帶來的視而不見，我不敢說自己有多幸福美滿，但我的確每天生活在滿足與感恩中，希望透過文章的分享，讓正在讀文字的你們，也能在突破盲點後，獲得真幸福的人生，感受來自內心的快活。

「要不是因為他／她，我也不會離婚／分手。」這是再也耳熟不過的台詞了。

當一段關係或婚姻出現問題，大部分會指向那個第三者，似乎「只要沒有這個介入，就不會出現此時的裂痕。」但是，真的是這樣嗎？只要沒有「這個人」的出現，你們的關係就會完好如初？或者，你認為的完好如初只限於形式上，實際的互動並不重要？再者，你會那麼理所當然的認為「因為介入，所以破壞」，**是因為「這個人」的出現具象化了隱形已久的裂痕**。

大家應該玩過無字天書的遊戲，將橘子水寫在紙上，一開始根本看不出個什麼東西，但把紙放在火上，原本隱形的字便逐一浮現。「是火寫出字？還是它本來就在？」你們有答案了嗎？

一段關係是由「你」和「我」組成「我們」，所以能影響這段關係的第三者，只有你或是我，不會有「他／她」。

健康的關係，主詞是「我們」，一旦關係中的我們多了你或者是我，這段關係就會開始失衡；當兩個人的互動多了「自我」，那麼「你」或者是「我」，就是這段關係的第三者。

一段足夠堅固穩定的關係，是不可能會讓你們之外的人踏入你們的世界，而關係外的「他／她」，只是讓你們關係內的隱形裂痕現形的工具。

就好像在某個暴風或大雨中，房子因此淹進大水。此時，我們所做的事是思考：「是不是哪裡出了問題？不然怎麼會有雨水滲透進來？」再針對漏水處施工修補，而不是選擇忽略漏水處，反而說：「要不是因為那場暴雨，家裡也不會淹水。」看懂了嗎？邏輯上是，「不佳的氣候反應出房子有需要修補的地方」，而非「都是因為天氣不好，房子才

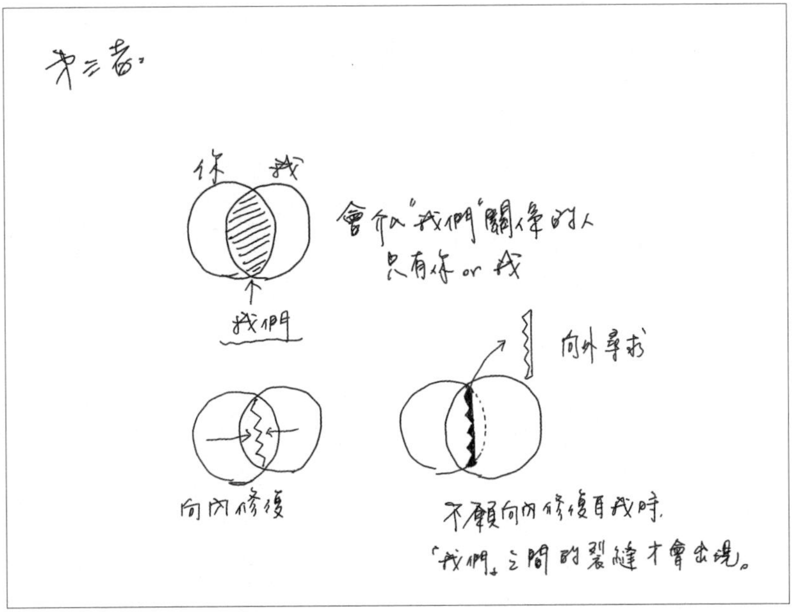

會淹水。」

當你們的關係開始出現問題時，如果你的選擇是往內修復，或者說兩個人的選擇是向內修復，那麼絕對不會有「他／她」這個角色出現。只有當「你」或者是「我」其中一個人不願意放下部分自我，才會向外尋求那個「他／她」以彌補和你之間的不滿足。所以，真正的第三者不會是「他／她」，而是不願意面對真實的問題的彼此。

比所謂的「第三者」還傷的是「妳不願意面對的自己」

「外遇／劈腿」是一段即將破碎的婚姻或關係會出現的「症狀」，並非原因。症狀出現時，若兩個人選擇用沉默交流，總是期待對方靠自己解決問題，或有負面情緒，不再聊天、不再分享、不再溝通，各過各的生活方式逐漸浮上檯面，當其中一個人感到孤寂時，向外索取生理或心理上的滿足，是避免不了的結果。

我想接下來各種版本的故事發展已經在你腦海裡浮現，不外乎是出現了

「某一個看得見」的原因，是世俗所謂的第三者也好，是性事不合也罷，所有故事的終點，不是選擇分離，就是繼續生活在平行時空的兩個人。

因此，我們才會常常聽到：「都是因為**那個人**或都是**性不合**的原因，所以我們才分開」。這也是最容易脱口的原因，也可在旁人敲鑼打鼓之際，同時也安慰自己「我的婚姻／關係破裂，不是因為**我**的問題，而是因為**它**（人事物皆可成立）的出現」。

這樣的想法，比較容易讓人繼續活在自欺欺人的關係中，好比在搖搖欲墜的狀態中，假裝關係的線依舊堅固，只要風不吹，繩子就不會搖晃，畢竟「都是別人的錯」比「是否我需要調整些什麼」來得簡單。

只是，風不可能不吹，更重要的是檢查關係線的狀態，而不是一味責怪風在吹，這也就是盲點效應所造成的。有時候，我們對事情有所懷疑時候，總會選擇不相信，即使明知道兩個人之間早就存在了問題，也都會選擇否定，而盲點就是「確實存在，卻又被自己忽視的」。

世界上已存在的人不可能憑空消失，他們的存在是既定的事實，他們的出生也不是為了破壞。每個人都有自己的人生，你我應該不會無聊到從小就立志要破壞別人的關係吧！既然這些既存的人事物不可能消失，我們能控制的就是自己和自己與對方之間（的關係）。

正在關係中的你，若出現了讓你不確定或產生懷疑的事，請先選擇自省，而非以馬上歸咎別人的方式來說服自己：其實「我們的」婚姻（關係）還很好[1]。

每個當事人絕對知道「我們好不好」，只差在要不要面對罷了！如果面對會讓你痛不欲生，那麼就繼續消極地責怪吧！也許這不失為另一種讓自己好過的選項，只是我深信，唯有敢面對自己的人才有獲得幸福的資格。

1　我並非鼓勵大家一味責備自己，好像所有的問題一定都是自己造成的。我所要強調的是「自省的重要」，若你在自省後問題依舊存在，那麼下一步，就是和對方溝通那個讓你懷疑或不安的部分了。

無縫接軌，一定是劈腿？

我幾乎不太評論時事，但有一則「某個人因為太短時間就交了下一個對象被質疑」的新聞吸引我的目光，每個故事裡有人委屈、有人抱怨、有人沉默，但我沒有要討論別人的事，我想跟你們分享我自己的親身經驗。

我曾經有兩段感情，交往時間都很長（七年、五年），也都因對方在分手後與另一個人在極短的時間內進入婚姻，而被懷疑是不是在和我交往的時候就劈腿了。針對這樣的現象，也許這是很直觀的反應，而且如果我不是當事人，也有可能會這麼對別人的感情如此認定著。

你相信什麼？

不過，當我變成主角的時候，不見得真是如此。不要忘了「當事人永遠才是最清楚事實的那個」，只是，每個人說出來的話和做出來的行為，會因為說的人單方面的意圖或者聽的人單方面的誤解而曲解了「事實」，所以才會有「你相信什麼，什麼就會是事實」這樣的悖論存在。

話說回來，當我身處那兩段關係時，我曾不斷被提醒「他是不是早就劈腿！」「時間那麼短，不可能沒有重疊！」我也曾臆測過「是不是她早已存在，不然怎麼可能那麼快（進入婚姻）？」我的戀愛時間以年計算，他們相識到結婚則是以天為單位。

也許當時的我，把感情破裂的原因放在「有人介入」我會好過一點。我們往往無法承擔「自己愛的對象和別人在一起。」因為，一旦他選擇了別人，那也意味著我沒那麼好了，所以寧願把這樣的心情放在「要不是有人搶走，我們就不會分開。」但是，當我靜下來思考的時候……

「我跟他的感情真的會因為沒有這個人而繼續維持嗎？」

「我跟他之間的問題會因為沒有這個人而消失嗎？」

「我跟他之間所失去的，會因為沒有這個人而復得嗎？」

我的回答是：「不會！」我不相信他們和我交往的時候是這樣的人，不然以我（當時）神經質的性格和自豪至今的神準第六感，我也不可能遲鈍到替人養老公還不自知。或者說：「我深信我們在談戀愛的時候，都是認真地對待彼此。」

我不敢說自己有多敏感或厲害，但我非常相信自己的感覺。我非常感謝過去所有的戀愛對象，在關係當下，每個人都很用心在維持關係；沒有兩人當下的努力，也不會維持如此長久的時間。**一段關係「開始」出現問題，絕對不是因為第三者的出現**。邏輯上，是因為有了裂痕，才有讓別人介入的可能，至於有沒有實際上的「介入」，這取決於每個人對「分手時間」的定義，而我也沒有想要知道這個答案，畢竟，知道答案又能如何？感情裂縫會自動修補？還是我未來就能一直幸福快樂？最終的問題，還是在「我願不願意面對自己」。

所以，我不想把錯誤歸咎於任何人，因為我和這個人戀愛的時候，自己一定也有問題（個性？態度？溝通？情緒？等等）。只是，當時的我還沒意識到自己是有多麼被愛、被疼、被包容，另一個說法就是，當時的我還沒意識到自己是這麼盧小小，又愛歡（番）。

任何事情都有發生的機率，我不想把自己在感情上的挫折錯怪到別人身上，只為了比較好受，可以全身而退。我更希望的是，既然事實已經造成，我更想知道「這段關係裡的我是出了什麼問題，讓當時的我們沒有辦法攜手前往想去的地方去。」

很多時候，你必須經過時間的洗禮或人的對待比較後，才會發現，原來當時的自己已經是多麼幸福。遺憾的不是誰有沒有做錯，而是自己的不甘和懊悔吧！

即使當下是難受的，但現在回想起來，還是甜甜的、感恩的，感謝他們的出現、感謝他們的低調、感謝他們對我的了解與包容，更感謝他們對我的信任，真心希望他們都能過著幸福快樂的生活。我們永遠不會想看到曾經相愛過的人過的不好，對吧！再說，沒有這些過去，更不可能成為現在的自己，除了感謝還是感謝。

有人曾問我：「如果劈腿是真的，妳會怎麼樣？」就算在這段感情裡，自己是沒有問題的人，那麼，他已經用離開的方式保護我在未來更長的日子裡遭受他的背叛了，這樣看來也是一件好事，不是嗎？（但我更想表達的是，即使在外人眼中是多麼完整無瑕，這也會是關係中的隱憂。）

其實，我們的每個當下、每段關係在那個時空中都已經是最幸福的，只是我們有沒有用心發現、用心感受、用心對待、用心經營；心一直在跳，你有沒有感受到它的存在？只要你能感受到，一定會非常感恩老天爺讓這麼好的人出現在你身邊，而不是一直追著對方的缺點數落。

最好全身而退不留遺憾的方式，就是在每段關係中，都盡全力感受且感謝，不以犧牲的方式付出，不要求對方成為自己的理想，只求做最好的自己。

最後，我想說的是，在評論別人時，可以先思考自己的認知、事情的脈絡與處事的邏輯，也許會更「接近」在我們心中認定的真實性。至於是不是真的？永遠不會有人知道，除非你是那個人，不然在無知的狀態下，都是被操控的傀儡。有知識沒什麼了不起，但無知真的很可憐。

浪人不需要回頭，他是浪人還是浪子？

大家對茄子蛋的〈浪子回頭〉和伍佰的〈浪人情歌〉應該不陌生吧！「浪」常常被用來形容一個不受拘束且放縱自我的人，但「浪人」和「浪子」是一樣的嗎？在字典裡，他們完全不一樣。

浪人和浪子的差別

在古代，「浪人」是指「離開原本住的地方到別處流浪的人」，在日治時代則是表示「失去地位而四處流浪的武士」；而浪子指的則是「遊手好閒、不務正業，過著放蕩生活而有家不歸的人」，將這兩個詞放入關係中，則是形容一個「不願安定於一段關係內的人」。

同樣是不願安定，但浪人是愛好自由且任性不羈。他在流浪的過程中，因為各種風雨經歷而了解自己，找到自己後，更喜歡獨自一人去做很多事情。不問明天，只管今日，不願安定的只是他的人，但心中倒是很清楚自己想要什麼，一旦進入關係中，專一便成為信仰。

浪子也不喜歡受到約束，但他表現出來的是放縱、不檢點、自私又我行我素，遇到困難只會退避三舍，個性膽小如鼠，怕事又懦弱。這樣的人在關係中，所有的問題都來自於環境的人事物，而非自己。不願安定的是他的心，是個當不了浪人的孩子，是個未成年的大人。

對社會而言，當一段關係出現問題時，大家的反應幾乎都是「誰是第三者？」好像只有第三者會讓關係出問題，而當事人永遠都是最無辜的受害者。

「一定是外面的女人有問題，不然我老公怎麼會這樣！」

「第幾次發生這種事了？」

「好多次了。還有一次是在婚後一個月，我才知道原來他心情低落是因為結婚前幾天，被我發現的劈腿對象從此消失在他生命中。」

「結婚前幾天才發現他其實已經劈腿好多年，妳當時感受如何？」

「我當然很生氣，但因為他說那是因為對方一直纏著他，他也哭著承諾我婚後不會再這樣，所以我就原諒他了，也相信只要他們不再連絡，我老公就會沒事。」

「這次再發生，妳的感受如何？」

「因為這是婚後第一次，而且他當時也承諾過我，所以我特別不能接受，我一定要把那個人揪出來。」

「妳認為一個婚前會劈腿的男人，會因為結婚就收手嗎？」

「不是應該這樣嗎？有法律約束啊！婚前，我只能生氣，現在有法律可以讓我有保障。」

「那我請問妳，妳所謂的法律保障是為了約束先生，還是懲罰被你先生欺騙的人呢？」

類似這樣對話，很常出現在失婚或失戀的當事人口中，這些在情感中受傷的人深信「只要結婚，他就會屬於我了。」實則，沒有人屬於任何人。

結婚只是人生過程，它不是用來讓人專情的方式

一個習慣劈腿的人，有可能在簽下那張紙之後，就因此將雙腿合起？一

個人能慣性劈腿，也得用好長的時間拉筋練習，不是嗎？

「既然妳婚前發現多次他有劈腿的情形，為什麼還要執意嫁他？」

「因為我想在三十歲前結婚，完成我的人生計劃。加上他也說了好多承諾我的話，他是想和我結婚的，而且過去的感情也都是別人纏著他，不是他想要劈腿的。只要沒有人纏著他，他也許就不會這樣……」

「一個人因為關係外的對象一直纏著他，只好劈腿。這是一句毫無邏輯的話，妳真認為事實是如此嗎？」

就算有人逼你劈腿，也得要你自己願意把腳張開，忍痛拉筋，不是嗎？會說出這種話的人，無疑是媽寶浪子，一個不願把心安定在關係中的人，將事情發生的緣由，全部推到其他人身上，「千錯萬錯都是別人的錯，幾近完美的自己怎麼可能會出錯。」這可能是最能代表浪子的座右銘吧！

千萬不要再相信這樣的話，說服自己妥協在一段已經不健康的關係中，能做決定的永遠是自己，就像現在被外遇的妳一樣，妳現在能做的就是問問自己「還想不想繼續這段婚姻？」而不是想盡辦法藉由各種形式上的懲罰來安撫自己，以繼續留在這個需要自欺欺人的婚姻中。

亦如同已經外遇的他，他之所以會外遇就只是因為「他想外遇」，和任何人都沒有關係。長期習慣於關係外找慰藉的人，無論和誰結婚、何時結婚，都不可能停止外遇，直到他找到自己為什麼無法從關係內滿足的原因。

有沒有發現「浪子回頭金不換」這句成語用的是浪子，不是浪人？因為浪人很清楚自己在做什麼，沒有回頭的必要；而浪子要回頭，除非他大徹大悟，不然，這樣的循環只會一直存在。很大的機率，浪子是回頭去做他以前做過的事而已。

沒有人可以讓誰回頭或改變

常有人問，要怎麼樣才會讓浪子回頭？老實說，沒有人可以讓誰回頭，只有那個人決定自己要成為什麼樣的人。

有個男生承諾當時的女朋友不會再和女生曖昧，但多年後，男生在他們分手的隔天馬上就和別的女孩約會了。某天，我在咖啡店與這個男生巧遇，我開玩笑地問他：「你不是才剛分手，馬上就約會也太快了吧！」以為他會和我訴說分手後的心情，沒想到他竟帶著喜悅說：「分手不就是自由了嗎？」「我以為你已經浪子回頭了！」我說。他說：「和她交往時，我只是改變和她相處的模式，但是我並沒有改變我自己，不然我不會出現在這裡（約會）」。

不要覺得自己有任何條件或是天賦，甚至有某種資格可以讓一個人為了你改頭換面。一個人累積幾十年的性格，很難說改就改，除非那個人自願改變，不然都只是做做樣子而已。遇到渣男，請趕快離開、遇見好男人，就好好珍惜，也千萬不要把這個人變好或變壞的責任都攬到自己身上，我們沒有這麼偉大，但也不要在關係中把自己做小了。

結婚只是一個選擇，不是非發生不可的事

另外，我想提的是，絕對不要為了「達成目標」而結婚。如果妳已為結婚設下目標，那麼未來有很大的機會妳也會為離婚而煩惱。為了達成結婚的

目的，找一個當下可以將就的人，明知道有很多地方不適合，但他已經是相對條件好的人了。

如果我跟妳說，婚姻是唯一一次可以為自己挑選家人的機會，他是伴侶、是朋友，也是陪你到老的家人，妳的選擇還會一樣嗎？在知道浪子的習性之後，妳還會期望一顆漂泊不定的心能安於一個家嗎？

所謂風流浪人和下流浪子，前者在關係中，能為自己所愛的人義無反顧；後者在關係中，只會傷害所有愛他的人且不自知。

隱形渣男：披著專情外衣的天生渣男

前陣子，小貞因為失戀的關係吃不下睡不著，甚至借酒消愁，陷入無法自拔的泥沼中。小貞和小魏認識好久後才交往，當兩人還是朋友時，在某個情人節的夜晚，小貞接到了小魏打來的電話。

「我和朋友在喝酒，妳在幹嘛？」

「我準備睡了，你呢？」

「今天是情人節，我特別想見妳。」

這次通話後，兩人的來往變得頻繁，只要有時間就會一起吃飯，沒見面的時間也會透過通訊軟體聊天。在聊天的過程中，小魏和小貞訴說過往情史，望著小貞深情地表示：「過去的日子裡，我心裡一直有妳，所以我跟任何人都沒辦法相處，就算有交往對象，我們感情也不好，因為我最愛的只有妳。我其實不愛她們，只是她們很懂我需要的。畢竟，我還是得在沒有妳的世界裡繼續生活。」小貞也為小魏的委屈感到心疼。

在確定關係之後，小魏的態度變得越來越冷淡，甚至有時候還找不到人。最讓小貞覺得奇怪的是，她從來沒見過小魏口中的朋友，更不用說和小魏一起出席聚會了。某天，小貞接到一通電話。

「妳好，我是小魏的女友，可以麻煩妳不要再纏著我男友嗎？他快被妳咄咄逼人的態度搞瘋了。」

「我沒有纏著他啊！」

「他說是妳一直纏著他，還鼓吹他跟我分手。」

小貞一氣之下打電話給小魏：「你為什麼沒跟我說你有女友？」

「妳沒有問啊！我只有說我很想妳。」

「那你為什麼說心裡只有我，所以沒辦法跟別人相處。」

「這不代表我單身啊！」

很多女孩都遇過類似的經歷。在戀愛初期，都以為遇到了非自己不可的真愛，卻不知道看似好好的一段感情，竟潛藏著這麼多危機。

這不是真愛，而是你遇見了渣男。其中，天生渣男的隱蔽性極高（以下稱：隱形渣男），幾乎很難判斷。

以下分享幾個隱形渣男慣用的套路，當你發現和你相處的人出現這些跡象時，請妳死命睜開盲目的雙眼，快跑。

一、老婆不知道的事

隱形渣男會和你分享老婆不知道的事，或者他會說那是只有妳一個人知道的祕密，讓妳感覺對他來說妳非常重要。實際上，他只是埋下一條不想斷掉的線，此時妳可能還只是她的女性朋友之一。

已婚男：「我跟妳說一件事，我沒有跟任何人說過，但因為是妳，我想讓妳知道。我媽曾經告訴我，有算命老師說我命中會有兩個老婆，如果我先跟妳結婚了，我勢必會跟妳離婚，然後跟另一個人結婚，但是我希望妳一直在我身邊，所以我沒有娶你。」

告訴妳一個沒有人知道的祕密，除了可以避免妳對第二個人求證之外，還順便利用算命老師的話，把妳留在身邊。

二、酒後吐露真心假話

隱形渣男平時不見得會說甜言蜜語，倒是會不斷向妳示意自己是專情木訥的人，所以講出肉麻話對他來說是有點困難的，但通常在喝酒之後（不管是真喝還是假喝），一定會讓你知道這句話是酒後說出的「真心話」。

譬如：「妳知道嗎？我滿腦都是妳，忍得我好辛苦。」接著，在清醒的時候，他不會重複提到這些，彷彿他的真心話只有在酒後才會吐露，以增加妳對他的信任。但事實上，他只是給自己一個被拆穿後的台階下而已。沒被拆穿時，他就是害羞的純情男；被拆穿後，那些肉麻話都是酒精闖的禍，一副與他無關的樣子。若妳當真，那就是妳自作多情的下場了。

隱形渣男不會明確地讓妳知道他的處境，只會用似是而非的字眼，讓妳誤以為事實就是那樣，他讓自己隨時處於全身而退的狀態。事發前，順著妳以為的情境，演好他的癡情男一角；事發後，所有事實的成立都是妳自以為出來的，這正是甩鍋給妳的好機會。

三、我和她過不下去

隱形渣男不像普通渣男，用藉口合理化自己的錯誤行為，或者將自己的正宮嫌得一無是處，來襯托妳的優秀。在隱形渣男的世界裡，沒有「錯誤的行為」，因為錯的都不會是他，他永遠都是那個最受歡迎、最善解人意、最委屈、被迫又不得已的可憐男子；他擅於用誰都不得罪的方式，把自己放進假好人的角色裡。在他委屈之餘，同時又釋放出全世界只有妳能解救他的訊號，以激發妳的聖母病。

普通渣男對妳說：「她都以小孩為主，我根本不重要，對她來說，我只是一個賺錢的工具而已，根本不用說什麼是感情了。」

普通渣男對正宮說：「妳長期忽略我，在那樣的情況下，有不錯的女人在身邊陪伴我，不可能有人無動於衷。」

隱形渣男對妳說：「我和她其實已經過不下去了，她沒有不好，是傳統聽話的女生，把家裡弄得很好，只是我們很少互動（或我已經很久沒碰她了），更不用說談心聊天，但為了家庭，也只能這樣，也許是我太渴望被理解，在這個世界上，好像只有妳懂我。」

隱形渣男對正宮說：「她喜歡我很久了，我以為我結婚後她的情愫就會消失，沒想到，她竟然和我告白還一直纏著我！那天我看她哭得可憐，也擔心朋友的安危，我不希望她會因為我出事，妳知道我不是那種自私的人。」

四、我會娶她，是因為愛不到最愛的妳

隱形渣男不會否認自己的現況，不會隱瞞他已婚或在一段關係中，但他會讓妳清楚的知道：「我會有今天（已婚或已交往）的狀況，都是因為妳（當時不跟我在一起）！」

他先把錯轉移到妳身上，讓妳無法指責，甚至利用妳的罪惡感、彌補心態，讓妳無法不關心他。

五、我其實不愛她，只是她懂我需要的

隱形渣男心思極細膩，他們不像普通渣男，會明著表示「自己定不下來」或者「心繫多人」。隱形渣男懂得女人要的是「專一的愛」，他會在腳踏多條船的同時，讓每個人仍然認為他是最專情的那個。隱形渣男明白，只要女人擁有唯一的愛，其他都不是問題。即使關係內不是只有一個人，他也自有合理化的說法；譬如：正宮的存在只為了傳統原因，那麼妳也只好允許她同在。

同一句話可以對正宮或其他女人說：「我其實不愛她，只是她懂我需要的。」不管事情如何演變，都不會有人怪罪到他身上；因為專情的他怎麼可能有問題，有錯的永遠是另一個人。

我聽過一段故事，一個已婚男對著某女說：「因為婚後，前任不得不消失在我生命中，所以我痛苦至極。直到某天我打算在宜蘭某旅館投藥自殺時，我老婆和丈人因為找不到我，在不知情的情況下衝進來救我，不然妳現在已經看不到我，我也可能解脫了吧！我這麼癡情，不懂為什麼之前的女朋友分手後都說我是渣男，（某女問：「你老婆知道你為了前任女友痛苦到想自殺嗎？」）她只知道我有憂鬱症想自殺，但不知道真實的原因是什麼，我也不可能跟她說，說了她也不見得會懂，也許就是我老婆不太懂這些，才有可能嫁給我吧！（無奈地笑）」

已婚男在說這些事的時候，表現得既無辜又委屈，當時的某女不知道自己正開著門迎接歹徒，還帶點同情安撫他說：「大家都以為你喜歡流浪，其實你只是沒說出你對家的渴望吧！」當她還在思考「一個渴望愛的人怎麼可能會被誤會是不帶情份的人呢？」的同時，警察便衝進門來大喊：「請高舉雙手，你就是藏匿歹徒的共犯。」此後，她上了一課。

如果有個人自嘲，以往的感情對象都說他是渣男，或是不只一個人說他的不好，那麼請高度相信「他就是」。真心愛妳的人，不會用傷害妳的方式對你好，甚至會避免妳受傷；而只愛自己的人，只在乎他的情感有沒有被滿足，而且也早已拋出道德至九霄雲外。至於妳的角色是朋友或是女朋友，一點都不重要。重要的是，只要有人能接他甩的鍋就好。

愛，不只是結婚的關係！

許多女生會有這樣的疑問：「我們不是以結婚為前提交往嗎？他如果不想結婚，跟我在一起幹嘛？」老實說，這個問題我以前也問過，甚至帶著這樣的執著犯下錯誤。

曾經在戀愛時，遇見一個對我非常好的人，說個讓大家比較能理解的例子吧！他對我的好，除了物質上的享受外，更重要的是：他是個允許我做自己的人，「允許對方做自己」是一件多重要的事，但當時的我卻把這樣的自在視為理所當然，對他予取予求，甚至得寸進尺。現在回想起來，小時候的自己滿可笑的。我很感激他的出現，經過這堂人生的課，我更懂得珍惜與善待，只是也許再也遇不到了。

那時的我認為，既然都交往了，不就應該要結婚嗎？

隨著年紀將近而立之年，身邊的朋友們一個個步入禮堂，內心對婚禮的渴望也越來越深。有一天，我問他：「我們什麼時候要結婚？」他說：「我們不是才交往半年嗎？現在太早了吧！」我仍天真地問道：「對啊！但以結婚為前題的交往不用先訂日期嗎？」他說：「我是以結婚的前提和妳交往，但是我真的不知道什麼時候結婚。」因為他的回答不符合我內心的期待，所以我開始盧了起來：「你怎麼會不知道？不是以結婚為前提嗎？怎麼可能不知道？是不愛了嗎？不然怎麼會不想結婚？」無論言詞或行為上，都不斷地說服他要順著我的任性，同意我的要求。

他對我的好從來沒變過，只是隨著他的上班時數越來越長，我們相處的時間越來越短，直到某天我感覺事態嚴重，想找他溝通時，才發現他似乎有意無意地在逃避和我相處。

我從來沒想過，結婚不是用來證明愛的工具，結婚只是人生的選擇之一，其實，與愛無關。

某天，我受不了如同室友般的相處模式，我第一次用抽離的情緒約了他吃飯，可能我也知道盧不出個什麼所以然了吧！我說：「現在這樣的狀況，根本沒有互動，也沒有兩個人的時間，我們該如何繼續下去？」他很沉重地跟我說：「我一樣很愛妳，會希望你吃好睡飽，但我真的無法回答妳，為什麼我明明以結婚為前提交往，卻不知道何時要結婚？不跟妳結婚是不是其實不愛妳？也許我愛妳的方式妳感受不到，而我又剛好沒順著你的意馬上結婚，你就認為我不愛妳。久了，我很怕面對妳，因為我不知道要怎麼回覆妳，而我也知道我沒辦法順著妳的要求，只為了證明我愛妳。」「那怎麼辦？」我說。他為難地回我：「我不知道怎麼辦，我只知道現在和妳相處，讓我感覺壓力很大。」

那一次談話，我清楚地感覺到他的壓力與內心的糾結，我突然意識到沒有我的他也許會過得更快樂。不久後，我選擇分開，後來我才明白，原來「離開，也是一種愛的表現。」

也許是受到傳統觀念影響，大部分的人仍存在著「都交往了，為什麼不結婚？」的疑惑，或者「如果真的愛，為什麼不想結婚，是不是不夠愛？」甚至帶著這樣的迷思，追著身邊的親朋好友跑，遇見單身的便問：「為什麼不交男女朋友？」遇到有伴侶的則好奇：「為什麼不結婚？」遇見已婚的：

「為什麼不生小孩？」遇見有小孩的：「為什麼不多生幾個？」

好像人一旦進入了婚戀關係，交往後結婚，結婚後生育，是必然要存在的事。如果沒有照這樣的流程，是不是兩個人之間出了什麼問題？這樣的SOP在古代也許適用，而且每個人幾乎都是照著這樣的流程走完一生。但，隨著社會型態變遷，從男尊女卑的文化進展到性別平等的意識，每個人的個體獨立性越來越強，這樣的觀念還適用於每段關係嗎？答案絕對是否定的。

長大後的我摔了個大跤，開始問自己：「我真的想結婚嗎？我已經準備好要過婚後的生活了嗎？還是我只期待結婚的那個過程，可以滿足我當公主的幻想，填空我內心對愛的解答？」

「以結婚為前提交往」的觀念沒有錯，但是否我們都誤會這句話的含義？以結婚為前提是，希望每個人在關係中用認真的態度相待，並非以遊戲經驗的方式草草了事，但這不代表進入戀愛，就一定要結婚。你跟某個人的婚姻，不該是戀愛的終點，而是有著戀愛延續的另一個開始。

難道進入婚姻後，就不需要維繫彼此的戀愛感嗎？

你們的感情，不會因為結婚就消失，也不會因為結婚突然變好，感情依然是一天一點累積，是需要經營的。我知道這很難，但不可否認，婚內戀愛是必要的。婚姻不是戀愛的墳墓，更不是愛情的解答，它只是人生的選擇，無關乎愛與不愛，更不需要因為彼此選擇不同而否定兩人之間的感情。

兩個人從交往開始，從磨合中發展出愛，隨著時間越久感情越濃，正因為持續的相處，你才會知道能不能和這個人步入婚姻，而不是一開始交往就以必定結婚為條件，讓兩個人都在關係裡選擇委曲求全，這樣倒果為因的做法，只會讓婚戀中的兩個人越來越遠。

再者，娶妳就是愛妳嗎？說一句真實卻不好聽的話，一個人會把另一個人娶回家，最大的原因不是因為愛，只是因為這個人有最高的性價比，也就是妳的功能比較多；妳可以替他傳宗接代、照顧他們一家老小、對他事業有幫助等等，所以他娶妳。但他愛妳嗎？往往我們自以為的愛只是激情下的產物，或是占有慾的表現，但真正的愛不受形式限制，開始於任何情況，而不曾結束。與其為他做牛做馬，養家做事，還不如把自己打理好，當一個善解人意、獨立自主、認真上進且幽默風趣的人，我相信，在婚戀關係裡，一句我懂你比我愛你重要。

讓他眼中只有妳

在曖昧的時候問：「是不是我魅力不夠？要怎麼讓他愛上我？」在交往的時候擔心：「我會不會不夠好？所以他沒那麼愛我？」想結婚的時候害怕：「他會不會得到後就變了？要怎麼讓他只愛我？」這些，都是在關係中的人畢生追求的問題。

這些疑問總圍繞著「擔心、害怕」，怕他拒絕、怕他變了、怕他不愛。為什麼會有這些恐懼？大多數的人遇到問題時的第一反應總是「我一定是哪裡不好、我太無趣了、我不夠性感、還是我對他不夠好？」

為了避免被否定的感覺發生，明明已經長得夠好看，卻不斷上醫美求助，只為了讓自己看起來更完美；明明就是內向少話的人，卻強迫自己幽默好玩，只為了成為活潑有趣的人；明明穿著就是文青氣質風格，硬要追求爆乳、翹臀、螞蟻腰，只為了成為性感女神；明明妳已經對他太好到他越發沒有分寸，妳還是覺得自己不夠犧牲奉獻，只為了讓他可以一直愛妳。

但是，這些付出是必要的嗎？或者說，做到了這些，就真的會讓他忠誠對待嗎？我想，答案是否定的。

妳以為只要付出夠多，就能有被愛的保證，結果經常在失去他的同時，也失去了自己；妳以為只要條件夠好，他就沒有心思看到別人，但總是發現有許多看起來無可挑剔的人被劈腿？被外遇？更氣人的是，其他對象的條件還沒有自己好。

在感情裡，想要對方的世界只有妳，必須要徹底拋開「害怕失去他」的念頭

妳不確定對方是不是愛自己，更不知道他到底為什麼愛妳，這些對情感的焦慮，會讓一個人做出許多不理智且失控的行為，導致想拉近對方的心反而將他推得更遠。好比說，當對方有一段時間沒有回應妳的訊息，妳就會開始患得患失，東猜西疑，無法自拔地瘋狂傳訊或乾脆一直打電話到他接為止；或者有些比較偏激的人甚至會用封鎖的方式報復他的不讀不回。好比

說，當對方沒有馬上回應妳的邀請或有事婉拒，妳便覺得他一定是不夠愛，才沒有立即答應，妳會開始覺得是不是自己哪裡不夠好，有的人會邀約其他人來證明自己的魅力，或者使用威脅的方式跟他說：「你不跟我去，那我就答應其他人的邀約了喔！」更甚者會直接盧他：「你為什麼沒有馬上答應？是不是你心裡還有別人？」這些作法都只會讓兩人之間的距離越來越遠，換來妳一次又一次的懊悔與失望。至於，為什麼會害怕失去？因為「妳還不知道自己是怎樣的人，是否為一個夠好、值得被愛的個體。」

如果妳不曾感受被人疼愛，就會一直在關係中尋找被愛的感覺，造成有些人對感情的執著以及放不下。這樣的人在關係中，會習慣用討好來交換愛。

個案小安（化名）跟我說：

「我每次去他家，就幫他整理房間、打掃、洗衣服、洗碗，還倒垃圾兼做資源回收，一開始他會阻止我，到後來，他乾脆直接躺在沙發上打電動，等我去幫他做家事。有一次，我們爭吵後，我氣到不去他家，以為他會因此發現我的好而向我低頭，沒想到，他竟然無動於衷，還被我發現他在玩交友軟體。」

「是他要求你幫他做家事的嗎？」

「不是。」

「那你為什麼要這樣做？」

「因為，我希望他能感受到只有我才會對他這麼好。只是，當我感到他對我的付出沒有什麼反應的時候，我會不開心想找架吵，讓他知道我為了他做這些事所以好累，但吵到後來他竟然回我說：『我有叫妳做嗎？』聽到時真的很讓人心寒，我為他做牛做馬，他不感謝就算了，還說讓人那麼傷心的話。」

親愛的女孩們，討好沒有錯，只是妳討好的對象錯了。妳最該討好的是妳自己，只是妳不相信自己值得被愛，所以連妳都不愛自己。想要成為對方眼中的唯一，妳得先成為那個獨一無二的自己。妳必須好好愛自己，他才有可能愛妳，妳愛他愛到失去自己，他又怎麼找得到你呢？

無論男女，大家對人事物的追求，都希望能越來越好。在事業上追求工作升遷、月俸加薪、深造進修。在物質上要求品質好、質地好、材料好，最好是性價比高。在感情上也是一樣，當他看到了比現在更好的選擇，如果是妳，妳會怎麼做？有得比較的時候，一定都會選擇比較好的那一個。當妳把自己放在「條件」中，「選擇」也終將會發生在妳身上；會有比妳對他更好的、身材比妳好、長得更漂亮、學歷更高、家世背景更好，這樣比要比到何時？

找到自身價值，創造自己的獨一無二

每個人被生來這個世界，一定有別於其他人的特質。只是，我們必須拋開傳統賦予的框架，放下那些所謂比較好的條件論，只有找到自己的價值，才有辦法成為與眾不同的人，那就會是獨一無二的存在，也無從被比較了。

男人天生有狩獵的性格，喜歡「追不到」的獵物。越難追，越有挑戰；

挑戰性越高，越突顯自己的價值；一個跟在身邊，徒手抓就可以裝入袋的獵物，和一個只想逃跑，必須經過重重關卡、鬥智費心力才捕獲得到的獵物，如果是妳，哪一種會更讓妳有成就感？我不是把女生比擬為獵物，而是希望透過這個比喻，讓妳們可以更了解男人的心態。

妳越愛一個人，就更要越愛妳自己。因為當妳將時間花在自己身上，把自己打理好，無論是外表的維持或內涵的充實，只要妳過得開心、活得漂亮，自然會成為自帶光芒的女人。另外，一定要讓自己一直進步，這種進步不是一定要追求看得到的條件，而是在認知與學識上，能夠與世界接軌。只有妳持續往前進，才有讓他追著妳跑的空間，讓他永遠處在追著妳跑的狀態，要他眼中同時看到其他人，也滿難的。

第3篇

性愛之外

約炮自守原則

現在的社會，約炮的人越來越多，至於說到「約炮好或不好？」我的回答是：「約炮沒有好或不好，只有你選擇什麼？約炮的人不會比較隨便，而沒約炮的人也不會因此比較高尚。」

「約炮」只是一個現代人對於滿足性慾的其中一個選項罷了

並不是每個人都適合約炮，就跟並非每個人都適合吃吃到飽一樣（吃到飽，也只是人類用來滿足食慾的選擇之一）。

在進食的選擇有：自己煮、外食、外送、一定要有人陪吃、忍過就好、乾脆不吃。同理，在性慾的滿足選項包含：自慰、與伴侶做愛、招妓買春、床伴炮友、找事情轉移注意力、沖冷水澡等。

最重要的是：當慾望出現的時候，你得很清楚自己的個性，此時此刻的自己適合哪一種方式來滿足慾望。

對自己負責

只要你都想清楚了，也都已經了解所有方式帶來的好與壞，那麼接下來要做的事就是「為自己的選擇負責」，其他的人沒資格，也沒必要說什麼。

畢竟那是你自己的選擇，旁人並不會因為你的選擇而升官發財，你的人生也不會因為順從或叛逆而飛黃騰達。

姑且，先把約炮的概念想成「你肚子餓了，但沒有伴侶可以陪你吃飯，此時此刻你也不想自己煮，那麼就：①找朋友一起吃吧！②上網找也同是肚子正餓，也想要吃飯的人一起進食吧！」是否比較好理解？

講白了，就是當你有生理需求時，你希望得到有互動的性愛，那麼，就找「有意願與你同行的人一起安全地進行吧！」**告知對方、尊重彼此、取得同意，永遠是建立健康性愛關係的第一步**。

回歸約炮這件事，我提供幾個項目給選擇用約炮滿足個人慾望的人參考。我以「強烈建議但不強迫」的立場提供知識與論點，希望每個人都更能享受到「不為過去懊悔，更不為未來恐懼」的當下。

同時還要明白的是，和炮友在一開始達成共識很簡單，但實行之後要維持下去卻極其困難，甚至，這需要你和炮友有意識地自律維持，才有可能真正帶來長期穩定且安全的性伴侶關係（炮友關係）。

約炮自守原則1：（人）

你是否願意和不是伴侶的人存在性伴侶關係？並且也不會發生感情連結的人？**條件一：上船不暈船**。請不要再說：「因為男人可以性愛分離，所以當然可以，但女人不能，怎麼可能和不是伴侶的人做愛？」

關於「性愛分離」這件事，在上一本《大人的性愛相談》中，已經有探討過，有興趣的人可以找來參考。約炮是一種「選擇」，並非人人都一定要經歷的過程。如果你很容易和長期互動的人產生情愫，或是在相處的過程中發生依戀的情形，那我的建議則是，不要輕易嘗試！若你選擇約炮來滿足生理需求，也請你一定要有心理準備，這是一段本來就不會有感情關係的性互動。如果你是一個情感豐富、有生理需求，又想嘗試的人，那你有沒有可能訓練自己做到「性愛分離」？想盡辦法維持你和對方之間無情感元素的性伴侶關係。

約炮自守原則2：（地）

盡可能避免讓彼此產生約會錯覺的場合。**條件二：不和炮友約會，不和朋友約炮。**以固定行為的模式為大腦建立制約條件，之後就比較容易進入「炮友模式」。少了約會情境，也可避免兩個人在不知不覺中踏進暈船的陷阱，藉此提供大腦接受「現在只是為了滿足生理需求」的固定訊號，大腦就會漸漸地接受這樣的制約，也就不太會出現胡思亂想的可能。

制約反應就好比，長時間在你上班時來杯咖啡，久了你就算只看到咖啡也會覺得在上班。

很多人在找炮友後，情感關係反而變得複雜，主要是因為除了約炮之外，他們還做了許多情侶或朋友之間才會做的事，譬如：看電影、吃飯、出遊等，久而久之，約炮關係就逐漸被約會行為模糊了界線。想要簡化與炮友間的關係，那麼就直奔某處，直接開始滿足彼此的生理需求吧！

約炮自守原則3：（時）

長時間內不頻繁約炮，不能想約就約，儘可能用安排公事的模式約炮。**條件三：定期且有時間間距的模式約炮**。人與人之間的互動，日久生情是很有可能會發生的，約炮者必須製造一個不會在彼此身上發情的時機，用固定的約炮模式相處，譬如：一個月一次，甚至一季一次等，以時間限制的方式控制情感累積的可能。

把約炮想成和主管約開會，我知道這樣的舉例很爛（畢竟主管不太可能會成為約炮對象），但我想表達的是，用約開會的心情來思考，你們可以同樣達到目的，也可以避免情感流動的產生。

約炮自守原則4：（事）

各自分開後，不要聊天或者說些曖昧的言語，即使是無意義的幹話都盡可能少聊，你會和開會的對象聊這些東西嗎？不會嘛！**條件四：不留彼此社交軟體，私下不交流**。

有些人顧及禮貌或者個性使然，在約炮之前之後都習慣問候或寒暄，但在炮友關係中，請避免言語交流的可能與機會，即使是簡單的早安、晚安都盡可能不要發生。畢竟這樣的言語互動，任誰都很難保證，長時間的相處下會發生怎樣的化學變化？平時只需各自安好，有事再找就好。

約炮自守原則5：（物）

對方是否除了你就沒有其他性伴侶了呢？**條件五：必須全程戴套且定期篩檢**。老實說，我們永遠無法得知除了自身以外的事實是什麼，當然包括炮友的性伴侶是否只有你一個人？這種事無法證明，說破了既無法知道實情也破壞關係。

最好的方式就是「每次性交都務必要戴上保險套」，而且是「一勃起就要戴」。總之，在彼此身體碰觸之前就要戴好戴滿，才能使所有罹病或懷孕的機率降到最低，即使是口交，我也強烈建議在進行時請使用超薄聚氨酯材質的保險套。

另外，定期做愛滋篩檢可以讓彼此都能健康地在安心的環境下進行性活動。建議有性行為且全程戴套者，至少進行一次愛滋篩檢；有不安全性行為者（並未全程戴保險套），建議每年至少進行一次愛滋篩檢；若有感染風險行為（曾感染性病或多重性伴侶），或性伴侶有感染性病或多重性對象者，建議每三至六個月篩檢一次。

希望大家能夠撕掉愛滋篩檢的標籤，不是因為有病才去篩檢，而是因為想在更安全且安心的環境中進行活動，才必須定期篩檢。千萬不要被錯誤的認知與不必要的標籤殘害了一生。

由誰主導關係？

最後，我建議可以用「比較容易受到情感影響」的人主導炮友之間的長期關係，由這個人來決定時間、次數、地點和對話內容，畢竟擁有關係主導權比較可以控制對固定炮友身體依附的慾望。

在長期的穩定炮友關係中，要維持只有性沒有愛，的確是一件很困難的事。當你不小心發現「我好像有點喜歡他」或者「我想要一直找他」的感覺出現時，請記得一定要讓自己退回原點，可以另找炮友，或者就不再約炮。

單一長期的性伴侶，是需要自覺、理性和自律的，而這也是人最缺乏的部分。如果你還不懂自己想要的是什麼，請不要輕易嘗試看似簡單，實為複雜的炮友關係。

在炮友身上，你只能單純獲得生理上的滿足，但在感情裡追求的那種乾柴烈火且瘋狂至極的境界，大多還是存在於與愛人之間。所謂 Fuck and Making love 的不同，也許在這樣的情境不同下會有點理解。

百分之一百的避孕、避病法

這幾年大家開始重視性教育，這是好事，想當然耳，對於剛面臨青春期的青少年而言，性教育最基本的第一件事就是，教導保險套的正確使用。

一個國家使用保險套的百分比，足以代表該地區的性教育普遍率

於是就有人會問：

「有沒有百分之百避孕（病）的方法？」

「妳自己都說保險套和避孕藥可以用來避孕，那為什麼沒有辦法百分之百保證？」

「穿著褲子性交，而且射在外面，沒有碰到陰道，這樣也會懷孕嗎？」

「我的精液絕對沒有射到她的下體，這樣子她還是會懷孕嗎？」

還有更多各式各樣的問題。

我在這裡想和大家非常清楚的說明，如果你想要百分之一百的避孕，唯一的方式只有「結紮」，但並非每一個想避孕的人都可以這樣做；結紮適用於已經有過生育，而且有很大的機率確定未來不會再懷孕的人。此外，結紮之後的數次射精還是需要使用保險套，避免有殘留在輸精管內的精子。（詳見第二二三頁的「結紮」章節）

「那還有其他可以百分之百避孕的方式嗎？」

答案是：**那就「不要做！」**

除了生理結構上實際阻斷精子被排出的機會，不然在精子可以從體內被排出的前提下，沒有一種方式可以跟你保證那是百分之百的避孕率。

目前醫療建議最有效的避孕方式為「雙重避孕」，也就是男性全程正確佩戴保險套，加上女性規律服用**事前避孕藥**。即使如此，也不可能有人跟你說這樣子的雙重配套措施，可以百分之一百的避孕加避病。

為什麼明明就是很安全的避孕（病）方式，卻不能說是百分之百的防護？

因為個體性不同，加上對性教育的認知參差不齊，每個人在使用保險套或者服用事前避孕藥的過程中，只要稍有不正確，都會增加懷孕或得病的機率。當然，如果民眾接受性教育越來越普及，我相信，在這樣的雙重防護下，避孕（病）機率是接近百分之百的。

那麼，又有人會問：「既然保險套和事前避孕藥都是用來避孕的，那如果女生有服用事前避孕藥了，那我是不是就可以不用戴保險套了呢？」當然不是！請不要忘了，性交過程需要避免的不是只有懷孕，還有經由性行為傳染的疾病。要避免這類的疾病發生，唯一的方法就是正確且安全地使用保險套。

你使用保險套的時機和過程有正確嗎？妳服用事前避孕藥的方式是對的嗎？

這些都是會影響懷孕或得病的因素。以下，是保險套的正確使用時機還有使用方式，以及事前避孕藥的服用方法。如果你平常的使用步驟和以下所說的有出入，請你記得調整、改正。我相信，未來你能更安全享受性愛，不需要在感受快感的同時，還需要額外擔憂懷孕或得性病的機率。

保險套正確使用時機

只要一勃起就必須要戴上去，而且必須「全程使用保險套」，即使是口交，也建議戴著保險套口交，避免病毒於黏膜處相互感染。有些人認為還沒射精時不需要使用，這是非常錯誤的觀念，而且很多人都是在這樣的錯誤認知下意外懷孕。只要兩個人身體有接觸就有懷孕或得病的風險，千萬不要抱著僥倖的心態，直到射精前才戴上保險套，已經有許多研究指出，在還沒射精前的興奮液（叫做尿道球線液，請不要再說是前列腺液了！）中含有少量精子，在你疏忽的當下，精子早就隨著男生興奮時的尿道球腺液進入女生的陰道裡囉！

戴保險套的正確步驟，詳見《大人的性愛相談》第一〇四頁「褲襠一大包」章節，務必每一步都要做到精準確實。如果你怕當下使用保險套會緊張的話，那我建議你在行房前，可以多買幾個回來練習，熟能生巧，練習過後會減少對保險套不熟悉的焦慮感，也可以避免在戴保險套的當下，陰莖軟掉的情形發生。

同場加映

關於保險套，有幾件事必須要提醒：

1. 不吹氣、勃起就戴

不要在使用前對保險套吹氣，不管是用來測試保險套的正反面，還是覺得這樣子做很有情趣，都不建議，這些都是有可能破壞保險套的行為。

2. 不可以在性器接觸皮膚後才戴上

不管是口交或者一般性交姿勢，要在性器官互相觸碰之前就戴好，意思就是最好一勃起就先戴，這樣子也比較不會中斷放入陰道前的興致。

3.發現不對就換新的

一旦套上陰莖後發現不對，請立即換一個新的保險套。也不可以在發現戴反後翻面繼續使用，因為戴反的那一面很有可能已經接觸到精液、興奮液或者病毒細菌，這樣只會加速陰道感染或懷孕染病。

要怎麼樣確認保險套有沒有破損呢？

保險套拿下來出來後，觀察保險套前的小帽子（就是要戴的時候必須捏扁的那個部分）有沒有破裂？有些人會在結束後裝水到保險套裡檢查有沒有漏水，你們也可以試試看，但是裝完水後請把保險套綁緊，立即丟入垃圾桶，請不要將體液倒入排水管。

事前避孕藥，要每天規律吃

有些人以為事前避孕藥是發生性行為前再吃就可以，這是錯誤的觀念。

正確的是：事前避孕藥必須每天規律服用才有效果，其中有分21天和28天兩種。

①21天的避孕藥每吃三週要停藥一週，在停藥後2至3天會來月經，請於第8天開始吃下一盒的第一顆藥（21天劑量）。

②28天的避孕藥不需要停藥，吃完直接接續吃下一盒；每盒最後四天的藥物是不含避孕藥物成份的「安慰劑」，這是為了讓記性比較不好的人可以每一天都習慣服用，服用到安慰劑的時候就等同於21顆吃完後的停藥，而月經會在這個時候來。通常，安慰劑的顏色會和有避孕藥效的藥物不同。

第一次或剛開始服用第一盒事前避孕藥時，第一顆要在月經來的前三天內服用，接著每天必須要在固定時間吃。

找一個你規律習慣性的時間，起床後或者睡前，你也可以自己訂一個時間點，或設定鬧鐘提醒自己。這樣做的重要性，是為了維持藥物在體內保持穩定濃度。有些人雖然每天服藥，但是時間不固定，導致藥物在體內的濃度

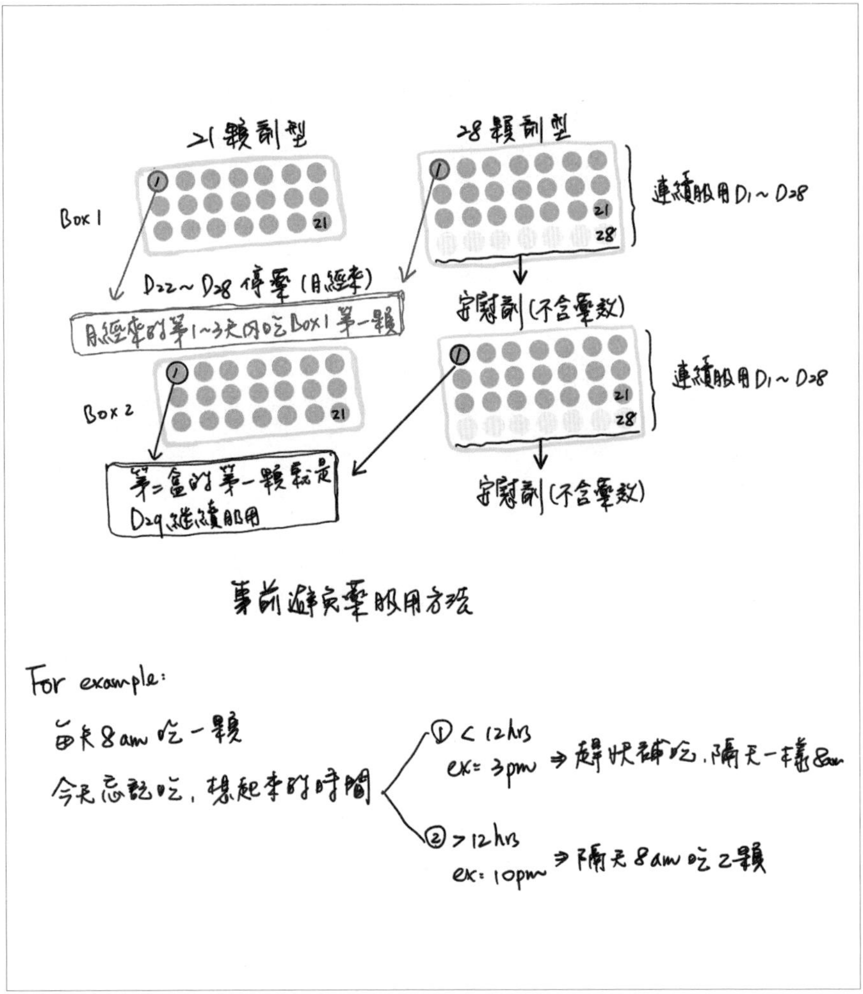
21顆劑型
28顆劑型
Box 1
連續服用D1～D28
D22～D28 停藥(月經來)
月經來的第1～3天內吃Box1第一顆
安慰劑(不含藥效)
Box 2
連續服用D1～D28
第二盒的第一顆就是D29繼續服用
安慰劑(不含藥效)
事前避孕藥服用方法
For example:
每天8am吃一顆
今天忘記吃，想起來的時間
① < 12hrs
ex: 3pm ⇒ 趕快補吃，隔天一樣8am
② > 12hrs
ex: 10pm ⇒ 隔天8am吃2顆

高低起伏不一，有可能會影響避孕效果，導致有時候會有微出血的情形。

避孕藥如果不小心忘記吃，可在12小時以內補吃，避孕效果仍能維持。若超過12小時後才想起來沒吃，那就在隔一天的同樣時間點，多加一顆。但也因為超過12個小時之後才補吃，藥效濃度有受到影響，所以這時還必須要再加上使用保險套才能確保避孕效果。如果忘記吃藥超過一天，就在每天服藥時額外補吃一顆，直到回到原本的進度上，而且都必須額外使用保險套。**記得，千萬不能擅自停藥，不然有可能導致月經紊亂。**

長期使用事前避孕藥並不會影響生育能力，但因為荷爾蒙控制在某個濃度的關係，所以子宮內膜並不會太厚，所以有的人會出現經血減少的情形。安全起見，我還是建議，開始使用事前避孕藥之前，請婦產科醫師先評估你的狀況之後再開始使用。

事前避孕藥規律吃最重要！這樣才會發揮最好的避孕效果。

關於婚前性行為

「不能有婚前性行為，不然婚後會不被珍惜！」
「有婚前性行為，代表這個人很隨便！」
「想要有長久的婚姻，就要避免婚前性行為。」

雖然現在大家的思想，已逐漸不再受到傳統束縛，但還是有些人會堅持上述等觀念，甚至也還在推崇「婚前不要有性行為，才能為你帶來幸福」的論述。

這是每個人的想法，不代表真實，但我還是想探討到底「婚前不能有性行為」這件事，是從何時開始變成幸福的指標？

孟庭（化名）的母親從小教育她，婚前不能有性行為，不然不會被珍惜。孟庭一直秉持著「要有性行為，我們得先結婚」的宗旨和小輝交往多年，小輝以為這只是孟庭沒有安全感的表現，只要兩個人的感情穩定，也許孟婷就能放心把自己交給他；沒想到，比起感受小輝平時無微不至的對待，孟庭竟然認為小輝對她的好會因為有性行為而消失，甚至斷言小輝對她的好只是為了騙她上床。

小輝在某天跟孟庭說：「我一直都很珍惜我們的感情，多年來我總是尊重妳的感受。沒想到，妳到現在還是認為我會因為婚前做愛而不再重視妳，反而讓我覺得做愛變成妳威脅成婚的手段。」不久後，兩人分手了。

孟庭因此悶悶不樂，問我：「是我做錯了嗎？」

我相信不少人有過這樣的困擾，即使在現今接受了相對開放的教育，但「婚前性行為」的議題似乎還存在著。

在感情裡，沒有誰對誰錯，每個人有自己的選擇是再也正常不過的事了。但是，我在乎的是「你的選擇來自於怎樣的認知？」

生活在舊時代？還是宗教信仰？

禁止婚前性行為在古代可行的原因是，以前的人到了十五、十六歲就結婚，有的甚至還是童養媳。在這樣的情形下，遵守「婚前不能有性行為」的規定沒有什麼困難。這和我們現在法律對「未成年不能有性行為」的規定沒什麼差別。

就現在越來越晚婚，甚至有人選擇不婚的社會現狀看來，禁止婚前性行為不是一個很可笑的存在嗎？當然，有些宗教仍有這樣的限制，只是每個人都遵守得了嗎？還是，大家都只遵守自己對於「婚前性行為」的定義？

又或者，真正遵守的人就因此得到幸福了嗎？

有一對約三十多歲的新婚夫妻前來諮詢，太太說：「因為宗教禁止婚前性行為的原因，所以婚前的行房方式一直是體外摩擦，也就是先生把陰莖夾在我的大腿中摩擦，直到射精。最近結婚後，開始嘗試傳統的性交方式（陰莖放入陰道中摩擦），但我發現我先生好像無法射精，他說他射不出來，有的時候還會軟掉。後來還是只能用體外摩擦的方式才能讓他射精，這樣該怎麼辦？」

就生理上看來，當陰莖長期習慣用大腿摩擦的方式性交，要改回到用傳統陰道內摩擦的方式射精，的確很容易發生「陰道射精障礙」，也就是陰莖在陰道內發生無法射精的問題。畢竟，大腿可以控制將力道夾到最緊，陰道本來就不可能像四肢肌肉一樣可以夾得那麼緊。

這就好像習慣吃重口味的飲食，再吃到普通調味的餐點，會突然感覺食物怎麼沒味道？事實上，不是沒味道，而是你太習慣重口味了。

當時，我好奇地問：「不是禁止婚前性行為嗎？為什麼你們還可以性交？」他們異口同聲地說：「沒有放入陰道就不算性行為啊！所以我們才會用大腿來代替。」

還有另一對被宗教禁止婚前性交的伴侶，則是採用口交的方式來替代陰道性交。於是，我開始對「婚前性行為」這個詞的定義感到好奇。

到底什麼才是「性行為」？

只有放入陰道的性交才稱作性行為嗎？是何時接受到的知識？

又或者，根本沒接受過性教育，只好用自己的認知來解讀？

性行為，廣義來說，是指人在任何體驗和表達性的活動中，所從事的行為，以及身體對性慾的表現方式、行為、感覺和相互作用。所以，不只陰道性交，就連可以獨立完成的自慰也是性行為的一種。狹義的性行為，也就是指性交，只要有性器接觸，都算是性交。

看完性行為的定義，你有什麼感想嗎？

「禁止婚前性行為」，對我來說等同於「禁止未成年性交」。

基本上，一旦進入第二性徵發育期，就代表這個人會因為賀爾蒙的分泌而逐漸會產生性慾。性慾是人類的原慾，未成年因為心智尚未成熟被禁止性交，這個不會有人反對，甚至還立法保護。但是，如果連成年人滿足慾望的權利都要禁止，那我們該怎麼學習面對自己？

禁止不是萬能

不要小看「禁止」這件事，當我們被壓抑的慾望都藏到潛意識裡的時候，我們所有的行為都會在不自覺當中被潛意識控制，也就是我們看到事物的第一個反應，是直覺也是反射，無一不透露著我們的思想。

在關係裡，想要受到伴侶的尊重與珍惜，我們得先學會自愛與自重。但是，當我們連最基本的性慾都無法面對，又該如何認識自己？而「自己是誰」

又是另一個議題了。

一個人（對象）是否珍惜你，絕對不會被單單一個「婚前性行為」的觀念所影響，而是被「你如何看待自己」左右。就算你一輩子沒有過性行為，只要你失去自我價值，總是以看不起自己的方式生活時，也不會有人願意好好看你一眼。所有的重點都不是外在條件的堆疊，而在於內在智慧的擁有。

我不是鼓勵婚前性行為，而是認為我們不能把「性行為的有無」和「珍惜、尊重與愛的存在」劃上等號。我倒覺得和伴侶有性行為之前，更要懂得如何相愛，拉長相處的時間。多多觀察彼此，也許這才是禁止婚前性行為的核心吧！

你可以禁止自己在懂愛之前進入性關係，但一味用婚姻來界定，也未免太小看「性」這件事了。

我該凍卵嗎？

晚婚的人越來越多，似乎凍卵的人也越來越多，又或者說把凍卵這件事放入人生規劃清單的人越來越多。怎麼說呢？

以前，凍卵是發生在35歲以上的未婚女子身上；由於年紀漸長，也不知道何時會結婚，但無法等到真的結婚後再慢慢受孕生小孩，所以會考慮是否先把相對健康的卵子凍起來，為未來買個保障。

但隨著凍卵的人越來越多，這樣的焦慮似乎已經蔓延到25歲以上的女孩身上。她們的說法是：「我不知道未來會怎麼樣，但醫生說越年輕凍的卵子越健康，所以我在想是不是要先把卵子凍起來，以免未來沒有健康的卵子用。」

雖然凍卵可以緩解女人在生育年齡的焦慮，但其實35歲左右才是最適合思考需不需要凍卵的年齡。畢竟，**女人不需要為了生育或給社會交代，影響自己在工作以及擇偶上的選擇。**

所謂「不要為了結婚而結婚」，更「不要為了生小孩而結婚」，在現代的新女性身上，這才是更重要的事。

只是，是否每個人都該把「凍卵」這件事放入人生清單中，去追求「反正都要凍，越早凍卵子不是越健康？」的觀念？

凍卵人數年年增加，身旁的姐妹們，甚至年齡比自己小的朋友們也都紛紛加入了凍卵的行列，凍卵真的是現代女性尋求的生命解方嗎？

我其實從來沒想過凍卵的事，直到二〇二三年七月，在我39歲尾聲的那一年。

性教育總是從避孕開始，但我從來沒想過，醫學上定義的不孕症竟然有可能發生在我身上。我當時已經是高齡（超過34歲），我很清楚影響懷孕的因素仍有其他存在（譬如：情緒、壓力、性行為次數都是影響懷孕的重要因素）。當然，我私自認為小孩是否降臨，不是我們能控制的，有的人在避孕的時候還是懷孕；有的人已經按表操課，不孕就是不孕。這個分享請見〈從不孕到結紮〉章節，但我還是不免擔心自己的懷孕能力。

其實我一直沒有「非要小孩不可」的選項，所以我一直覺得，如果有（受孕），那就「結婚*」；如果一直沒有（受孕），也不需要為了生小孩一事東奔西跑，甚至需要到做試管嬰兒的程度。在人生中學會臣服於任何可能，比強求要更順其自然；萬物都是由道而生，順應於道上，也就沒有所謂的拿起與放下，才有辦法更接近內心的和諧與平靜。

＊關於「結婚」這件事

我一直認為，無論是法律上或者形式上，結婚的目的有很大一部分只是為了「生小孩」。我目前還找不到在沒有小孩的情況下，為什麼需要結婚？尤其現在的自由戀愛並非自古皆然。

對我來說，結婚不該是為了給家人交代，更不該是為了符合社會大眾期待，更不用說什麼「結婚是為了保障」。

看看現在普遍的婚姻狀況，結婚帶來的已經不是經濟與忠誠上的保障，而是負擔與義務上的保證。

妳不見得會因為一段婚姻，得到好的經濟支持和真心專一，但絕對會因為這段婚姻感受到「婚前沒有的負擔與妳必須為這段婚姻盡的眾多義務」。透過法律規定，你一定要以及不得做出的某些行為與界線，偏偏這些（義務）總是與人的意願相違背。

這幾年，我一直思考，為什麼要生小孩？

生小孩在我生命中的意義是什麼？是為了傳宗接代？還是為了每個人都生了，我也來體驗當媽媽的感覺？或者就是再不生就來不及了？但是，當小孩生出來之後的生活是我想要的嗎？是我能夠掌控的嗎？是我可以繼續順其自然的嗎？還是我會想辦法反其道而行，只為了回到原本的生活呢？

我一直不認為小孩是我們的延續，或是他的出現是為了傳承家業、姓氏，或者完成我年輕沒有辦法實現的夢想。小孩是一個個體，更是一個獨立的靈魂，我們之所以來到人世間，不就是為了追求自己而一直在凡間修行嗎？既然我都還在修煉能夠感受痛苦後帶來幸福的能力，那又為什麼要讓另一個個體來世間受苦呢？（我沒有否認生小孩會帶來不同幸福感的說法，但我也不是悲觀主義，我只是嘗試用另一個立場去說明自己的想法，無意論是非對錯。）

想到這裡，我還是沒有執行「積極受孕」的計畫，但我仍舊維持著「在不避孕的情況下，若有胚胎降臨，我也會用已經準備好「為人母」的心情，接受這一切人生改變。

凍卵的契機

就在二〇二四年的二月六日，滿40歲之時，我的姐妹連生了兩個小寶寶，我也順理成章地成了乾媽。看到小孩時的感覺五味雜陳。「好可愛的小孩哇！」「好幸福的婚姻呀！」但這也開啟了另一個「好累的人生啊！」於是，在不期待是否能有神隊友的前提下，我決定到美國去凍卵。

台灣凍卵的法律規是，在台灣要使用卵子，必須要先結婚，也就是妳得先跟精主結婚，再用他的精子和妳的卵子，配對成受精卵，植入子宮。

在我「無法確定未來當我想要有小孩的時候，是否當時有精主可以提供」的前提下，我選擇到美國去凍卵；一方面多了選擇小孩他爸的自由性，另一方面更多了生育方式的選擇權。

就這樣，我在二〇二三年七月決定當下，找了美國的診所，和醫師約了凍卵前的諮詢後，提供了基本的抽血資料，在二〇二三年九月完成了凍卵。

面對凍卵，我有一些想法可以跟妳們分享。

從思考凍卵到執行，一般來說可能需要幾年的時間考慮，除了思考到年齡還沒到有需要凍嗎？還有可能思考「我還在尋找另一半，有需要現在做嗎？」其實我認為，凍卵和找對象並不衝突，是可以同時進行的。可以把凍卵想得簡單一點，它就是將卵子凍齡，也可以幫助我們擺脱生理上生育年齡的限制。

我現在沒有要生小孩，但我希望未來想要有小孩的時候，我能有自己的卵子可以使用。

對我來説，凍卵就像是買生育保險的概念，妳可以第一個小孩自然懷孕，當妳還想要第二個小孩的時候，可以使用冷凍的卵子做試管嬰兒，當作備案。畢竟，真的等到年紀大了，卵子老化，是真的來不及了，但是若多了凍卵的選擇，我們就能掌握生育選擇權。至於卵子未來要不要使用？也是自己決定。

雖然凍卵是一個保有選擇權的選項，但是否能因此就凍住焦慮，或者只是商業化焦慮行銷下的產物？

當妳在考慮是否要凍卵的時候，先想清楚「自己是否要生小孩？」再進一步了解凍卵的過程，以及有可能帶來的副作用是什麼？不要被周遭焦慮的氛圍影響，這樣既沒有自主權，反而還被生育綁住。我不反對凍卵，也沒有建議一定要凍卵，而是我希望，你們能夠更清楚地知道自己想要的是什麼？

「越早凍卵越好」的說法並沒有科學證據

「妳到底想不想要小孩？」才是妳決定要不要凍卵的關鍵。有的人自己不想要小孩，但是深怕未來的另一半會想要小孩而猶豫要不要凍卵。與其考慮根本還不存在的人，不如先想想自己的想法，只有為自己的人生做的決定，才會無悔地接受所有的後果，是心甘情願的。

其他考量

此外，要考慮另外一半的點也不是在於他要不要小孩，而是他有沒有這個能力和你一起組建家庭和扶養小孩。

期待婚姻可以為自己帶來經濟保障的同時，妳是否也知道，這些都是要拿自由意識交換的。與其如此，還不如自己就是經濟來源，還可以呼吸到自由的新鮮空氣。

至於婚內忠誠，其實這很難定義，原因大家都了然於心。外遇與忠貞都是被社會定義出來的，有的人甚至把外遇和性出軌劃上等號，這些定義成立與否，都是為我們的認知影響。忠誠這個議題非常複雜，畢竟，如果可以離婚，又為何要外遇？其中牽涉的原因其實沒那麼簡單，若要繼續探討下去，應該可以寫下一本書了。

我想表達的是，花若盛開、蝴蝶自來；人若精彩、天自安排。與其去織一個限制獵物行動的蜘蛛網，不如開好叫做「自己」的花。若妳夠了解自己與人性，更應該早就知道，內心的忠誠不可能用金錢與法律交換。只有當一個人心甘情願地被你吸引時，忠誠才有可能成立。

你打HPV疫苗了嗎？
#我的私密處不是後花園

現在有健康意識的人越來越多，隨著醫療界的呼籲，大家也逐漸知道施打人類乳突病毒疫苗（Human Papillomavirus，簡稱HPV）的重要性，但還是有一些人不敢打，原因則是：

「我又沒有子宮，也沒有子宮頸，為什麼一定要打子宮頸癌疫苗？」

「我會不會打了子宮頸癌疫苗後變成娘娘腔？」

「我又沒有跟別人亂來，為什麼要打子宮頸癌疫苗？」

「不是只有性生活很亂或者性伴侶很多的人，才需要打這個疫苗嗎？我打了會不會人家以為我也很亂？」

以上是大多數人選擇不打子宮頸癌疫苗的原因，有些人因為對名稱的認知錯誤，有些則帶有自己對疾病的偏見，導致對子宮頸癌病毒疫苗產生誤會，因而失去保護自己的機會。

讓我們試著將「子宮頸癌疫苗」更名為「人類乳突病毒疫苗」（HPV vaccine），也許你會更了解這個疫苗的重要性。

「人類乳突病毒疫苗」之所以一開始會叫做「子宮頸癌疫苗」，是因為台灣以第16和18型的人類乳突病毒最常見，也和女性罹患子宮頸癌有關。現在發現，更有高達90%的子宮頸上皮內贅瘤（CIN）來自這類病毒；CIN為子宮頸上皮內的過度增生，是子宮頸細胞的癌前病變。

如果妳有定期做子宮頸抹片檢查，我相信看到這邊的女生應該心有戚戚焉，隨著生活型態改變和工作壓力增加的情況下，有越來越多女性，在壓力造成的免疫改變下得到子宮頸上皮內贅瘤。依照發現的期數有不同的治療，發生在前幾期的還可以靠自體免疫力的調整，透過運動以及休息調養復原，若沒有盡早發現盡早治療，就有可能進展成子宮頸癌。

隨著時代進步和研究發現，**人類乳突病毒不再只是導致女性子宮頸癌的元凶，也是男性口咽癌的隱藏殺手！**研究發現，男性口咽癌發生率已經超越女性子宮頸癌，即使不菸、不酒、不吃檳榔且潔身自愛，也可能因感染人類乳突病毒而得到口咽癌。

人類乳突病毒種類高達兩百多種，致癌程度也不一樣，有的（病毒）誘發癌症（口咽癌、子宮頸癌、外陰癌、陰莖癌、肛門癌等），有的（病毒）導致菜花、生殖器疣等病症。**至於大家所熟知的菜花，有90％就來自於人類乳突病毒第6和11型。**

說到這裡，應該就不會有人再說「我又沒有子宮頸，為什麼要打子宮頸癌疫苗」了吧！你的確沒有子宮頸，但你總有口腔、肛門和生殖器吧！

嚴格來說，只要有黏膜的地方都有可能感染菜花

臨床上，常遇到情侶中的一方先到門診就醫，起因是他在洗澡時發現私密處和肛門周圍長了一些紅色不明突起物，顆粒除了越來越大外，長的範圍也逐漸擴大，而且過了一個月不但沒有自然痊癒，甚至開始發癢，病人覺得不對勁後才不得已到醫院求診。

這就是我們俗稱的「菜花」（生殖器疣），不僅男生會傳染，女生也不

少見，大多都是透過性行為親密接觸感染到。只要情侶間的其中一個人得了菜花，另一半通常也會被要求一同就診檢查、評估是否需要治療。即使曾經得過菜花，病症也已經治療痊癒，但是引起菜花的人類乳突病毒第6和11型並沒有完全去除，也很容易復發。

因此政府宣導施打人類乳突病毒疫苗，不再只是預防子宮頸癌，更可預防菜花和生殖器周圍相關癌症、肛門癌，以及部分人類乳突病毒引起的口咽癌。

更重要的是，人類乳突病毒疫苗可以預防菜花的再復發

每個人一生中感染人類乳突病毒的機率高達80％。人類乳突病毒種類多、感染率高，而且，可以透過自身免疫清除病毒，並自然產生抗體的機率卻非常低。若長期感染卻無法自行清除病毒，就可能演變成癌症，所以，自然免疫的效果不如接種疫苗來得好。

無論男女都有可能曝露在人類乳突病毒的感染風險中，再加上菸、酒、檳榔等危險因子充斥，只會更大幅提高癌症的發生風險。再者，因感染人類乳突病毒症狀不明顯，多數人確診時已是晚期。

雖然人類乳突病毒的主要傳播途徑是不安全性行為，但是其感染途徑非常多，包括一些公共場所，譬如：公共廁所，三溫暖、溫泉，以及共用物品等，都有被感染的機會。臨床上也發生過產婦垂直傳染給出生的嬰兒，有些感染人類乳突病毒的患者至今原因不明。

許多罹患人類乳突病毒的人不解，為何自己不吃喝嫖賭、生活規律正常，潔身自愛且性伴侶單一，怎麼還會得到？有的人甚至還是處男或處女也難逃一劫！原因有可能是長年與他人共用器具或樂器，導致人類乳突病毒悄悄上身，伺機而動。

千萬不要以為自己都進行安全性行為，病毒就不會找上你！

基本上，只要是有性生活的人，不分男女老少，都應及早接種HPV疫苗，對於防止病毒感染、保護自我與伴侶相當重要。

另外，女性除了施打疫苗之外，也要定期接受子宮頸抹片篩檢（30歲以上女性，台灣有健保給付一年一次子宮頸抹片檢查），藉此可以提早找出癌前病變，進而給予適當治療，以阻斷癌症發生的機會。重要的是，人類乳突病毒有十至二十年以上的潛伏期，所以就算已經無性生活或停經的婦女，都需要定期做抹片檢查。

我在30歲之後才做第一次子宮頸抹片檢查。那時我還是博士班學生，由於長期看螢幕導致眼睛太乾，某天早上突然角膜破裂，去看了眼科門診，當時跳出來了一張30歲以上要去檢查子宮頸抹片的提醒訊息，透過那次機會，我去做了子宮頸抹片，沒想到那時的檢查結果是「子宮頸癌前病變CIN I」。

看到報告的當下，我嚇到說不出話！詢問醫師後才了解，原來人在壓力過大且生活形態不良的情況下，會讓身體免疫力下降，所以就容易讓子宮頸表面原有的病毒趁機作亂，造成病變。

一心只想早點畢業而拚命熬夜的我，終於願意暫時放下論文，接受醫囑建議先好好休息。那時，我連身後事（我想要樹葬，和我的貓咪們葬在一起）

還有遺囑都想好了呢！醫師說：「還好妳有檢查，現在的癌前病變還是可逆的（可以靠自體免疫力恢復正常的意思），再嚴重一點，可能就真的要直接接受治療了。」

那三個月我停下所有的事情，找回運動的習慣，讓自己盡可能的放鬆，隔三個月之後複診，子宮頸抹片顯示為正常。

隔兩年再去檢查的時候，又異常了！那一年是我即將要畢業的時候，一樣又是子宮頸癌前病變（CIN I），我再度透過醫師的幫助和壓力上的調適，還有生活上的調整，三個月之後複診才又恢復正常。

因為反覆生病，我開始重視生活平衡和身體健康的重要性，過著不再是以工作為主的人生。

以前的我，總是認為工作上的成就必須要先完成，才能好好放鬆；現在我發現，沒有健康的身體，連去達成目標的機會都沒有。我開始正視自己在工作當中的狀態，有意識地讓自己舒服健康工作，寫到這裡我放下手機，喝了一口水後，眼睛閉著開始伸懶腰。期許自己可以將工作納入生活中的一部分，是有正向壓力而且是可以持續穩定前進的狀態。

二〇一八年的研究指出，若能維持疫苗接種和篩檢，澳洲有可能在二〇二八年成為第一個讓子宮頸癌在國內絕跡的國家。希望台灣的未來也能靠大家一同努力，並將這個惱人的病毒根除。

同場加映

關於「開放式關係」，有幾件事必須要提醒：

很多人會覺得「你談論這類話題，代表你能夠接受這樣的關係。」我想大家都忽略了一件很重要的事，就是「觀點」和「事實」是兩件不同的事。舉香菜的例子來說：「香菜本身的食療功效」是存在的事實，而「香菜好臭我才不吃」是個人觀點，這兩者並存、互不衝突且獨立。

說回來「開放性關係」，這件事的存在是事實，而身為一個性教育者，以預防疾病的前提，給予適時的教育是我自認的義務與責任；至於，我個人能否接受這樣的關係在生活中，這就是另一件不需要和大眾分享的私事了。

針對開放性關係，必須要特別注意的就是「知情同意」和「安全措施」。若沒有事先告知對方，只是一廂情願的開放，這稱為「劈腿、偷情或外遇」；反之，只要你和對方（不管是和你交往的那一方還是另一方）都能接受這樣的關係存在，那旁人的想法則不具意義。

當關係內的人都同意開放性存在的時候，最重要的就是「全程請正確使用保險套」，除了避孕之外，「不把病菌藉由不安全性行為傳給彼此」是對這個關係和自己最基本的尊重了。

不管你在關係內選擇用哪種方式滿足自己，一切以「尊重彼此」與「安全至上」為主。

第4篇

懷孕的林林總總

愛愛後總是流出來?!
倒吊增加受孕率?還不如換個姿勢做愛!

「做完一定要趕快倒吊!幫助精子快速游進去!」

「做完屁股要馬上抬高,這樣子精液才會集中。」

這些都是網路上最常看到,也是周遭親友最常推薦的助孕方式,講得好像是那些一直沒有辦法懷孕的人,一定是少了做完倒立的這個動作。

會這樣認為的人,大多是覺得採取腳高頭低的方式,可以借助重力讓精子快速游向子宮。事實上,倒立或者將下半身抬高有助受孕的說法,在研究上並沒有根據,因為「**在射精那一刻,就已經決定這次的性愛能不能受孕**」。

在性行為之後的十五至三十分鐘,精子會從陰道游到輸卵管,和卵子相遇(前提是那天妳的卵子有被排出來),其中一個精子會鑽進卵子形成受精卵,不管妳的子宮是前傾(子宮頸靠近腹部,詳見圖)還是後傾,對受孕沒有太大的影響。有研究表示,做人工受精(注射排卵藥物,仍需透過性行為)

或是試管嬰兒（胚胎直接植入子宮）發現，不管是哪一種姿勢，對於懷孕的成功率都沒有影響。所以，你在性愛後做再多特異功能、魔術或耍高難度雜技等，都無法影響受孕的機率。

對於有「生子壓力」的夫妻來說，任何一種能夠提高受孕的方式，都會想試看看。當然，我並不是說這些偏方不能嘗試，但我更希望大家能夠知道正確的方式增加受孕率。在這樣子的基礎

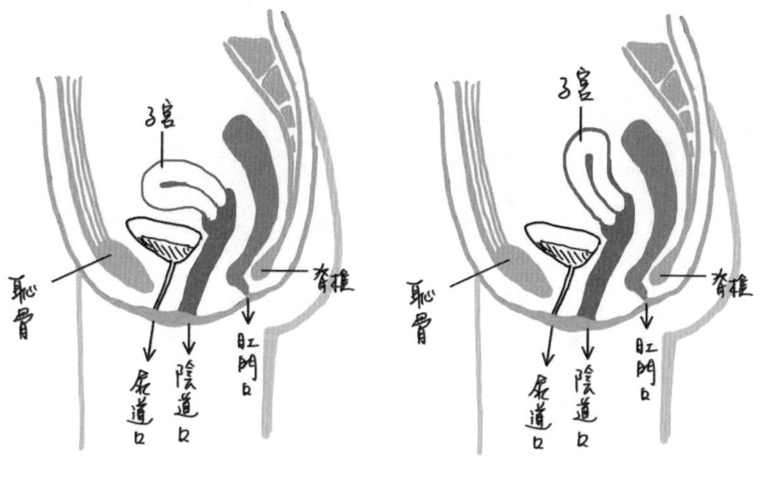

子宮前傾（3/4女人）　　子宮後傾（1/4女人）

之上，你要再多嘗試幾個偏方，我都覺得無傷大雅。

任何一種性愛姿勢都可以受孕，也都可能懷孕，但單就「同一對夫妻，使用不同的姿勢，是否有不一樣的受孕率」來看，我可以說明在某些姿勢下，相對受孕率高的方式。不過，這在研究上並沒有科學的數據表示「某一種姿勢的受孕率最高，或誰比誰高」，只能就「同一位男性的同一個精子在不同的性愛姿勢下，跑向卵子的路徑，哪一個姿勢所需的時間會比較短？」來說明。

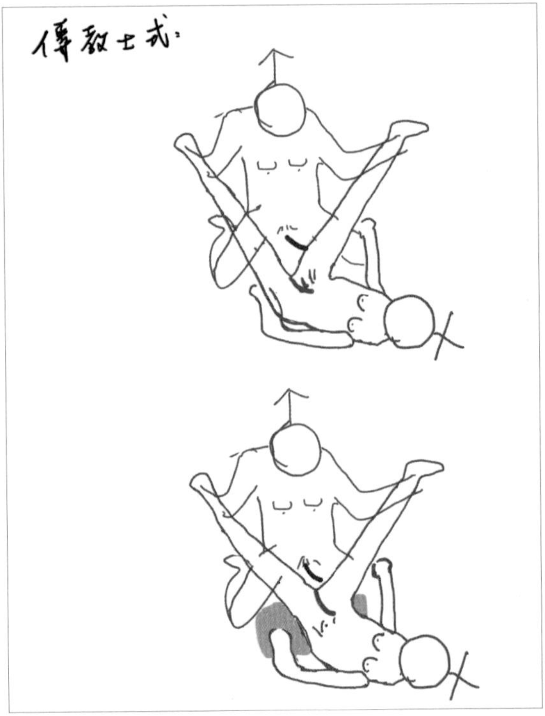

所有的重點都圍繞在：射精的那一刻，龜頭越接近子宮頸，越能縮短精子和卵子間的距離。

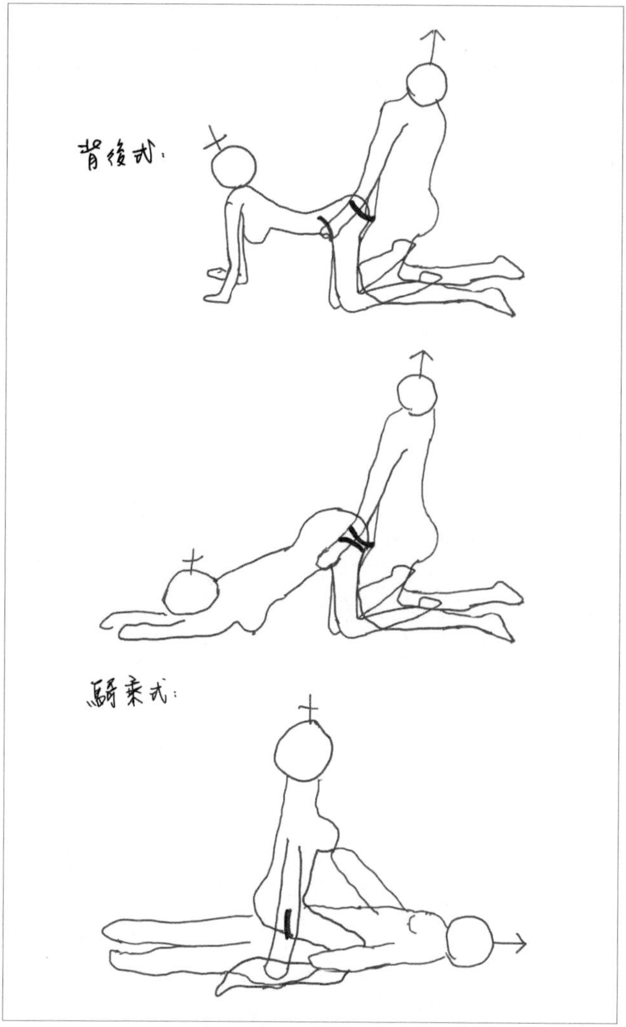

① 傳教士式（Missionary，男上女下）

可以在女方屁股下墊枕頭，以抬高骨盆，讓陰莖更能深入陰道靠近子宮頸。若是有子宮後傾的人，建議可以使用趴姿代替仰臥姿。

② 背後式，又稱狗爬式（Doggy style，女前男後）

前方的女性可以把上半身往前傾，伸直的雙手成彎曲狀，成俯臥姿。柔軟度好的人，建議可以將雙手再往前延伸成胸貼貓式，這樣一來，可以讓陰莖更靠近子宮頸，也就是更深的位置。另外補充，背後式可以減少對女生腹部的壓迫，所以如果在女生懷孕時想做愛，建議大家可以採用背後式（或湯匙式）行房。

③ 騎乘式（Woman on top，女上男下）

男方臥躺，由女方蹲坐在男方的身體上面，將陰莖放入自己的陰道中。在女上位時，女生可以完全依照自己想要的速度來進行，也包括陰莖放入的深度。過程中激烈程度需要控制一下，不然容易造成陰莖骨折。如果女生累了，也可以換對方上下動，妳只需要輕鬆的坐著或趴在他身上就行。

至於，性愛之後，總會有一些精液從女生的陰道流出來，這樣子是不是代表沒有辦法受孕了呢？

在此，我鄭重澄清，當然不是！

正常的精液在射出後會呈現凝膠狀，經過十至二十分鐘後就會液化成水樣液體，如果超過三十分鐘仍為膠狀體，反而是精液液化異常，會造成不孕的。在射精完的當下，該進去的精子已經進去了，留在外面的精液也就是沒有辦法和卵子相遇，或者說本來就要被淘汰的精子們。所以剛做愛完，女性並不會感覺到有液體從陰道流出來，大概過了二十分鐘左右，會有一小股暖流湧到內褲上，很像尿尿的感覺，這是非常正常的現象，不需要緊張！也不需要覺得「是不是因為沒有倒吊，所以讓精子掉出來」。

姿勢不是唯一關鍵

不管是哪一種姿勢，雖然是越深越能縮短精子與卵子的距離，但是，請不要忘記了，影響受孕的原因實在是太多，真的無法單就姿勢來決定。最重要的還是男女雙方當下的舒適度，兩個人是否放鬆、是否愉悅的沉浸在性愛中更是影響受孕的關鍵點。所以不要為了提高受孕率，就一味往前猛衝猛撞，這樣反而會讓女生不舒服，適得其反。

所以，未來請不要再「在性愛後執著於雙腳放牆上或是倒吊」了。與其追求對受孕沒有幫助的方式，還不如在做愛過程中，多用一些小方法拉近精子和卵子的距離，也同時拉近彼此雙方的距離，這才是最重要的！

最後，我想要提醒大家一點，受孕這件事情不再只是女生一方面的責任了，而是男女雙方都必須要負責的地方。這個部分，我會在下一個章節再和大家說明。

生男生女我決定，不再只是天注定！

雖然現在大多數人對於生男生女已經沒有像以往那樣的執著，只要孩子可以健康快樂長大，是男是女都好。但還是有許多父母好奇，生男生女真的可以靠外在行為來決定嗎？真的是多吃肉生男生，愛吃菜生女生？酸性體質生男，鹼性體質生女？希望透過我跟各位的說明，看完這篇後，那些固有的生子祕方迷思，能就此拋諸腦後。

女生多吃菜，男生多吃肉，才會生男生？

這是最常聽到的說法，而且這句話更常伴隨著另一句：「男性多吃酸性食物變酸性體質，女性多吃鹼性食物變鹼性體質，比較容易生男生。」

以醫學角度看來，無論男女，身體裡的血液酸鹼值都是pH 7.35至7.45；我們不可能因為飲食的改變，就突然變成「酸性」體質或「鹼性」體質。

不過，也不是不可能真的變成酸性或鹼性體質，只是當我們的血液變成酸性或鹼性的時候，這種狀況通常稱作「酸中毒」或「鹼中毒」，而且這類人出現在加護病房的居多。總之，要短時間內以特定食物來改變身體組成，基本上不太可能；反而是長期下來，容易導致健康上的隱憂。

生男生女是怎麼決定的？

以前的人總把生男生女的責任放在女生肚子上，認為從子宮出來的小孩，勢必是由女生決定性別。

但是，基於女生的染色體是XX，男生的染色體的XY，在胚胎成長過程，需要一個來自卵子的X和另一個來自精子的X或Y結合成受精卵。當這個受精卵的結合是XX的時後，就會生出女寶寶；當受精卵的結合為XY時，就會變成男寶寶。因此，部分的人漸漸認為：寶寶性別的決定權在於男方的精子。

事實上，我認為男女雙方都需要為生小孩負責，並非某一方的單面責任。

就理論上，決定性別的是男生染色體XY；實際上，女方的體內環境可決定X或Y，誰可以留下。

分享幾個以科學為基礎的生男生女方式，機率並非100％，而是70至80％。

1、飲食法

透過飲食的輔助改變體質（此處的體質並非酸性或鹼性），變成適合精子X（生女）或精子Y（生男）的環境。綜合各研究結論，並不需要誰吃菜吃肉，夫妻只需要吃一樣的食物就可以。

另外，非常重要的是，請在懷孕前六個月，也就是妳還在備孕的時候就要開始吃富含這些成分的食物。請少量且長期吃，避免短時間大量食用，畢竟體質改變並非一天兩天的事。

想要生男生，要記得吃早餐。研究顯示，有吃早餐且攝取比較多卡路里的媽媽，生男生的機率比較大。另外，還得多補充葉酸、維他命C、維他命E和鋅。在食物方面，則選擇偏鹹，也就是含鈉、含鉀高的食物。在飲料方面，少喝牛奶和盡可能避免接觸含糖、茶、咖啡，以及酒精類飲料[1]。如此妳的身體會比較容易吸引精子Y留在體內和卵子結合。但是，如果妳本身有罹患慢性疾病（心臟病、腎臟病、高血壓等），請記得先問過主治醫師。

想要生女生，就多採用低脂、低卡路里、高鈣、高鎂的飲食，這是適合精子X存活的環境。至於，為什麼這樣不同的飲食方式會吸引到不同的精子染色體，目前機轉仍不明。

2、謝爾特茲法（the Shettles method，生男方法，反之則為生女）

①時間法

精子X和精子Y的長相與體型不同，精子X頭大又重，游得慢、精子Y頭小且輕，游得快。以做愛的時間點來看，並不是分早上、晚上或節日，而是配合女性的排卵日行房，來決定生男或生女。雖然精子Y跑得快，但容易

1 牛奶本身為高鈣飲料，而糖、咖啡、茶和酒精，都會讓體內的鈣相對變得比較高，而高鈣的環境則是有利於精子X（女生）。

死，所以想要生男生的話，盡可能在排卵日當天行房[2]。反之，在排卵期前三天後三天行房，則生女生的機率高。

一九九一年有研究反駁此說法；原因是，它認為女生在排卵期時的賀爾蒙改變（LSH和FH增加），反而是有利精子X。一九九五年有其他研究認為，在什麼時間行房都不是重點；首先，受孕的機率本來就不高，其次，我們只知道精子X可以活得比精子Y久，以及精子存留在女生體內的時間為三至七天，但在不同的男性身上，根本無從得知精子會存在女生體內的確切時間。然而，在二〇〇一年，更有研究提出，精子X與精子Y在形態上其實沒有差異。每個研究者的依據理論和學說立場不同，大家參考即可。

②姿勢法

在射精的時候，龜頭越靠近子宮頸（放得越深），有利游得快的小頭精子Y進入，所以比較容易生男生。若在射精當下，龜頭距離子宮頸仍有一段

2 排卵期一直都是一段可能排卵的時間，其實我們無法在非儀器監測下，可以確切得知排卵日期。除了可以到婦產科請醫師照超音波協助之外，還可以使用「排卵試紙」來推測排卵日。

排卵試紙使用方法（使用前請參考各品牌內的使用說明書）

用乾淨且乾燥的容器收集尿液，建議不要使用第一泡尿液，最好的時間為早上十點至晚上八點。每天在同一個時間點，將排卵試紙浸泡在尿液中約3秒鐘，靜待15分鐘左右；施測之前不要喝太多水，以免影響結果。

每天固定測一次；當顯示區顏色變深代表快要排卵，當兩條顏色接近一樣，且顯示從深轉淡的時候，就是排卵當天（當天行房，有利精子Y）；那一天的前後三至四天都有可能是排卵日（前後幾天，有利精子X）。

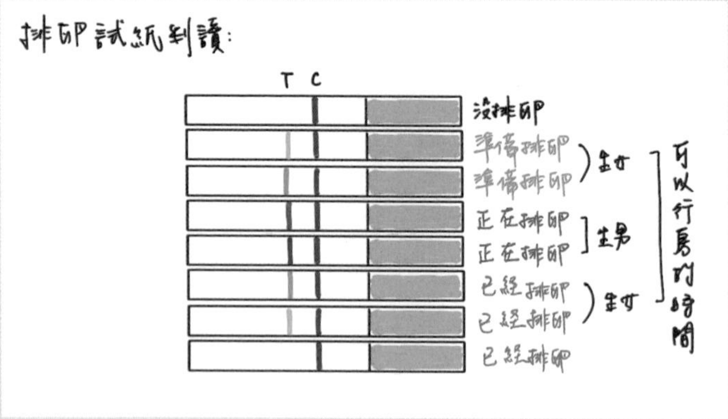

距離時，因精子Y死得快，故有利大頭精子X慢慢游入女生體內。至於性愛姿勢在怎樣的情況下，可以讓陰莖最深入陰道，請詳見前一章節〈倒吊增加受孕率?!〉

③高潮法

女性在達到高潮的時候，巴氏腺會分泌鹼性的興奮液，有利於精子游進子宮內，加上精子Y游得

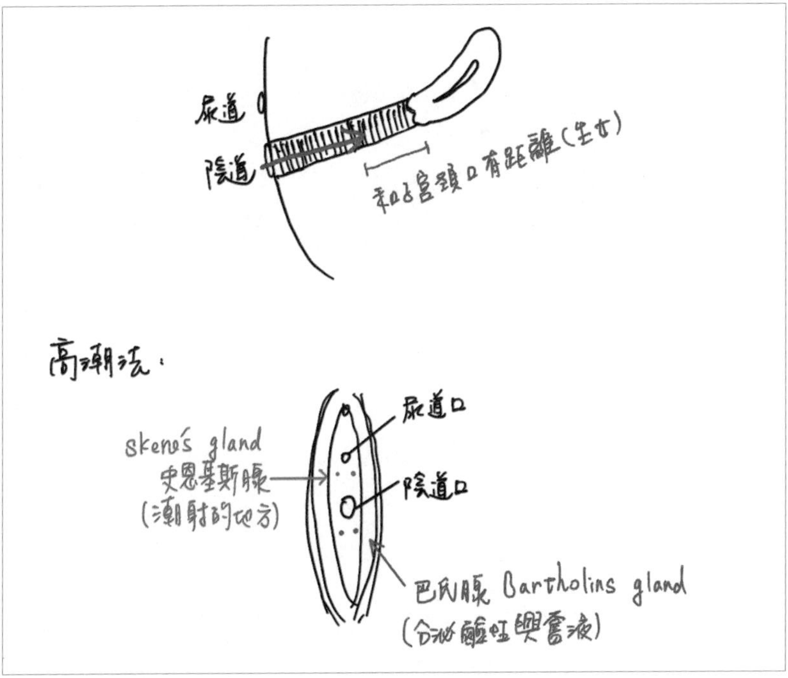

快，容易與卵子結合（生男）。女生在相對沒有興奮當下，陰道的環境偏弱酸性，不利於精子生存；相對於精子Y，精子X的存活率比較久（生女）。所以在性愛時，女生越快樂，生男生機率越大。

我的結論

如果妳想要生男生，記得吃早餐，吃熱量較高的飲食（碳水化合物），以高鈉高鉀的鹹食為主。在排卵期當天，採騎乘式或背後式行房，記得讓女生先高潮後再射精（前戲技巧不好的人，可藉情趣用品的幫助，讓女方感受性愛帶來的愉悅）。想生女生的人，不妨多攝取牛奶、起士、奶油、菠菜等深綠色蔬菜，以清淡低脂飲食為主。不要在排卵期當天行房，採龜頭較遠離子宮頸的姿勢射精，女生有沒有高潮，就隨意囉！

性別	飲食法	謝爾特茲法 the Shettles method		
		行房時間	姿勢法	高潮法
生男（吸引染色體Ｙ）	吃早餐和偏鹹的食物：高鈉、高鉀、高卡路里。例如：香腸、肉、罐頭食物、午餐肉、鹹餅乾、香蕉等高鉀、高鈉的食物。少喝牛奶，避免喝咖啡、茶、酒。	排卵當日	龜頭可以放入陰道最深的姿勢	女生先高潮後射精
生女（吸引染色體Ｘ）	飲食偏低脂、低卡路里，高鎂、高鈣。例如牛奶、蛋、豆類、起士、奶油、深綠色蔬菜等高鎂、高鈣的食物。	排卵日前後3天	—	—

很多人問我「要怎麼樣可以百分之百決定生男生女」的問題時，我總是回答：「只有透過胚胎植入的方式」，也就是做試管嬰兒。做試管嬰兒，你可以百分之百確定植入的受精卵是ＸＸ（女）或ＸＹ（男）。不過，試管嬰

兒可以事先知道性別的目的是為了識別胚胎的健康，不是用來挑選性別用的[3]。

儘管以上提供的方法是來自專家建議或研究結果，但也都只有70至80%的準確率。也就是說，即使你照著做了，也是有20至30%機率生出另一個性別的小孩。

我認為，重要的不是生理上的性別，而是住在身體裡的靈魂。每個獨一無二的個體都有來這個世上的價值，該怎麼讓新來的生命體會到世間的美好，以及與這個生命相處的過程，又是如何得到重生的意義與感受，才是一輩子中最重要的事。生理上的性別，真的只是機率罷了。

---

3 在做試管嬰兒的過程中，透過擷取胚胎的部分細胞切片檢查，可以知道胚胎的染色體有沒有異常。雖然可以從技術上知道胚胎的染色體是男生還是女生，但其目的是為了胚胎健康，並非用來選擇性別。而且，台灣人工生殖法也有明定，不能選擇試管嬰兒或胚胎的性別，除非夫妻雙方有遺傳疾病的原因，才能提前知道性別。
Reference: Shettles, L., Rorvik, D. (2013). How To Choose The Sex Of Your Baby. Australia: HarperCollins.

生完就會鬆？縫完就很緊？

筱華：「剖腹產還是自然產比較好？」

美英：「當然是剖腹產啊！這樣子（陰道）比較不會鬆。」

微微：「是這樣嗎？我老公說只要生過小孩的都會鬆欸……」

美英：「那這樣子，不就是不要生最好嗎？」

筱華：「不要開玩笑了，怎麼可能不生！婆婆每天用期盼的眼神盯著我的肚子，那種壓力比會不會鬆還要大呢！」

筱華，美英和微微三個人坐在咖啡店裡，邊喝著咖啡邊閒聊著，訴說女人的擔憂，也道出了其中的無奈。為了避免陰道變鬆，難道生與不生真的只能選一條路走嗎？還是，只要選擇生產，這輩子就註定背上「妳就是生過小孩，我進去才越來越沒（緊的）感覺」的標籤？

當然不是！

新生兒的降臨是每個媽媽最大的喜悅，但同時也伴隨著「陰道鬆弛的夢魔」，這是很多女人產後會擔心的問題。但是，很多恐慌都是來自於錯誤的觀念與認知，這也是為什麼了解自己的身體與教育這麼重要的原因。

產後的陰道都會變得鬆弛嗎？

其實這樣的狀況因人而異，也不是靠選擇剖腹產就可以避免這樣的問題發生。**無論是哪一種生產方式，都會有陰道鬆弛的問題，只是成程度上的差別。**同時「鬆弛的發生與否」多半是來自「主觀的感覺」判定，有時候純粹只是心理因素。接下來，我們來了解生產與陰道的關係。

當胎兒經過產道的時候，可能會造成各種撕裂傷，同時也會撐大陰道，但是這些情況都會在產後慢慢恢復。只是，根據生的胎數、生產當時的年齡、胎兒的體型、生產花費時間的不同，都會影響到恢復的快慢。通常，越年輕生產的產後恢復越快；生產次數越少，陰道就比較不會彈性疲乏；嬰兒的體型越大，陰道就必須擴張得更大，因此也會產生更多的撕裂傷，產後復原的時間也會相對更久；生產時間越短，陰道持續擴張的狀態也就越少；而且還會伴隨壓力型尿失禁，也就是你一笑或搬重物就容易閃尿的狀況。

懷孕與生產的過程中，本來就會造成陰道擴張和傷口，加上陰道附近的組織和肌肉受到傷害，必然會有產後短暫的無力現象，以至於許多人會出現感覺鬆弛或漏尿的情形，便因此有了「生產」與「下面鬆」的連結。

我想說明的是，陰道的鬆緊度，並不是單純的「感覺緊」這麼簡單。完整的來說，它包含了「陰道內的包覆感」和「陰道外肌肉的收縮力」的綜合感受。

首先，陰莖放入陰道後會先感受到陰道內的包覆感，這種感覺就好像你躺在充滿泡棉的圓筒裡，全身被柔軟的泡棉包著緊緊的。接著在行房過程中，陰莖會感受到另一種被夾（緊）的感覺，這是來自於骨盆底肌的收縮。所以，生產完會影響的就是陰道周圍的肌肉會暫時沒有力氣。另外，只要妳不是用急速減肥的方式瘦下來，基本上對陰道的包覆度不會有太大的影響。

產後有辦法回到以前那樣（緊）嗎？

假設妳身上的肌肉因為拉扯而受傷，因此休息了幾個月沒有辦法活動，當你一開始恢復運動的時候，必然會感受到暫時的無力感，妳會感覺好像沒有像以前那樣有力，但是只要妳持續運動下去，漸漸地就會回到原本的感覺，對吧?!

對骨盆底肌來說也是一樣，若是妳在懷孕之前及孕程中都有運動的習慣，或者妳懂得隨時收縮骨盆底肌，這樣妳只會出現產後暫時的肌肉無力，那個時候，我相信妳也沒有行房的心情。一旦妳開始恢復運動之後，肌肉就會漸漸恢復原本該有的彈性跟力量。

不過，如果妳平時沒有運動習慣，也不會正確使用骨盆底肌，那麼即使產後傷口都復原，肌肉力量的確有可能沒有辦法恢復以往的強度。這樣一來，自然會影響到肌肉的緊實度。所以，只要妳培養運動的習慣，甚至有辦法隨時隨地都可以啟動自己的骨盆底肌，請相信我，生產之後的無力感只是暫時的。那種感覺，跟感冒帶來的全身無力有點類似；感冒會好、生產會結束，妳會再恢復運動，骨盆底肌當然也會再恢復原本有的彈性和肌力，這樣就不用過度擔心生產完會有鬆弛的情形發生。

有些人在胎兒出生後，會要求醫師把她的陰道縫小一點，覺得這樣就會更緊一些；其實不管陰道外縫合得再小，改變的只有進去的大門（陰道口）而已，如此一來，反而會增加下一次行房時的困難，而陰道內的鬆弛感一樣沒變；因為真正的包覆感和夾緊度，是在進門之後的客廳部分。

男性的年齡、陰莖闊度也有差異

女人在面臨生產後是否會變鬆的同時，請不要忘了，時間是一直在流逝的，男人的年齡也會跟著逐漸增長，性能力也會隨著體力、壓力、心理狀態而有不同。

不是只有生產會帶來鬆弛的疑慮，有時候鬆的感覺會出現，也是來自於男性陰莖本身的感受。陰莖勃起的尺寸會因為季節、心情、生理與心理狀態不同而有不同的大小。當一個人的陰莖闊度相對其他時候沒那麼粗時（通常是冬天、感覺冷、健身，或者感覺沒那麼興奮的時候），他也會感覺是不是妳鬆了，這個時候其實是他當時沒有這麼大，或者說是「他太小，而不是妳鬆了。」

在性上面，千萬不要問題一發生，就一直認為錯都是自己。性與愛之間會有問題出現，一定是因為兩方的互動出現矛盾造成，無論是生理或心理因素導致相互摩擦而有了裂痕，絕對不會只是單方面的問題。

親愛的女孩們，在了解自己的身體與生產的狀況後，請不要凡事都把問題攬到自己身上。生產後的擔憂和在懷孕過程中，因為荷爾蒙的改變導致身形上的不同，都會隨著產後以及荷爾蒙的恢復而回到正常狀況，也許生活型態會以另一種美好的方式呈現，但妳的心情和身材還是可以和產前一樣喔！

想要緊實與美麗，千萬別忘了運動和多喝水。另外，不要快速或減肥過度，不然陰道內的膠原蛋白會流失，這也是導致陰道內包覆度降低的原因之一。

從不孕到結紮的受孕祕訣

我有一個相處很像朋友的遠房親戚，我親眼看著她從不孕的狀態到一心只想結紮。

多年前，已婚的閔雲（化名），在不避孕的狀態下和當時的老公一直沒有傳出懷孕的消息，他們想盡任何辦法嘗試，仍無聲無息。幾年後，她老公外遇，決定離婚的她慶幸當時還沒有小孩，有一種好險的感覺。

隨著時間過去，她之後交的男朋友，雖然依舊沒刻意避孕，但同樣地都沒有懷孕的消息，她還自嘲地說：「我有沒有可能是困難受孕，還是……根本不孕？」

我們一直都有自己的事業，個性也是屬於在工作上會處於比較緊繃的狀態。有這種特質的人，無論是生活還是戀愛，想必也很難真正感受得到自在，最常發生的狀況是「當下的自己並不會感覺到緊繃與不自在」。

為了不被生育的年齡綁架，我們說好在二〇二四年的生日，給彼此的生日禮物就是「一起到美國凍卵」。當時有一個朋友介紹的男生在追她，由於他們認識的時間不久，所以我一直耳提面命提醒她不要太快踏入一段關係，先好好享受當下的感覺，讓雙方都能更清楚在關係中的角色。沒想到某一天……

「欸！我要結婚了。」

「蛤？什麼！怎麼可能！」我驚訝的看著她說。

「真的！我也被嚇到了。」她堅定地看著我說。

「因為我懷孕了。」在我打算阻止她做這個衝動的決定前，她接著說。

「怎麼會？之前不是都不行（受孕）嗎？」我不可置信地睜大眼看著她說。

「我也被嚇到了，我也以為我可能不會懷孕了，但是，我想要這個小孩。」她也很驚訝的回答我。

「妳想清楚了嗎？」我問，又接著說：

「其實不一定要為了小孩結婚，現在有很多種方式可以擁有小孩，而且妳生下來也可以自己養呀！」

「妳說的我都知道，但是不知道為什麼，和他相處起來感覺特別輕鬆，我不會像以前那樣擔心東擔心西，即使我有嚴重的潔癖，他也會在了解後願意配合，我心情不好的時候，他也會想辦法逗我笑。」她說。

「那你們有吵架的時候嗎？」我問。

「妳還記得以前，我想跟對方溝通，他們不是選擇逃避或不回覆，就是沉默不說話，對吧？」她面帶笑容地說著。

我點點頭。

「但是跟他相處的過程中，我不用擔心講出不喜歡的事會惹他生氣，他願意跟我溝通。重要的是，他也會讓我知道他的心情，兩個人都說出來之後，我們可以了解彼此內心真正的想法，這樣下次就不會再悶在心裡面了。」她接著說。

雖然我還是有點擔心，但隨著他們的第一個小寶貝出生，我看著她依舊可以邊帶小孩邊工作（有娘家和親家的幫忙）。當然，一定會有煩躁與憂愁的時候，不過我在她身上不會感受到「早知道我不要生了，或早知道我不要嫁了」的這種感覺。

她的喜怒哀樂都在幸福平靜的狀態中，這種狀態我描述不出來，在他們身邊感覺不到以往那種緊繃感，可能是多了心甘情願？或是命中註定？

第一個寶貝出生後七個月，我們相約見面。她見到我第一句話竟是……

「我又懷孕了！」（子宮都還沒恢復到原本的狀態）

「怎麼可能？你不是在哺乳嗎？還是你們很常做（愛）？」

「我在哺乳啊！而且也沒有很常做（愛），就那麼一次而已，結果這個月我發現奶水突然變少，我感覺不對，去驗（孕）了之後才發現，怎麼又懷孕了，我不是應該很難受孕嗎，怎麼會這樣？」

對呀！一個困難受孕的人，在哺乳的情況下[4]，只做一次就中的機率也太難得了。我們都是不容易受孕的人，才說好要在40歲之前把卵子凍起來，沒想到她在39歲懷孕，還在39歲尾聲再加補一胎，真的是人算不如天算耶！

「也許和他在一起真的讓妳非常感到安心，而且平靜吧！」我帶著姨母笑回答。

大部分不孕的最關鍵原因，幾乎都在「沒有放鬆」，所以往往都是在「放棄想生的念頭，或者出國度假」的時候受孕，因為此刻的相處不用緊張兮兮，你們可以分工合作，也不會因為彼此的付出而感到情緒累積。

最大的差別就是，你們都心甘情願為彼此、為這個家庭付出。在這樣子平靜的心情之下會懷孕，我覺得是再自然不過的事了。

「我已經跟醫師說好，第二胎生完，要順便結紮了。本來沒有想到還可以有第二胎，老天爺竟然讓我在40歲之前完成了（一男一女），人生真的無

4 哺乳時，因泌乳激素升高會降低受孕機會及做愛慾望。

法計畫。」她說。

有時候什麼都不要計劃，人生反而會回到最自然的狀態。我們活在忙錄的社會當中，習慣在控制下進行所有的計劃，因為不這樣做就會沒有安全感，也因此，造成大多數人帶著緊繃的心情過生活，有的甚至影響到了身體健康。

但在這世上，沒有什麼是你計劃好就一定可以達到的；放下這樣的執著，心裡想著只要目標沒變，中間走的路徑或承載的方式都可以有變更的彈性；也許用這樣的心態面對人生會更輕鬆。

嫁一個能讓你自然受孕的人

這句話並非試用於每一個人身上，但是，這也許可以是一個指標吧！我指的是那些和這個伴侶相處時會感到緊繃、感到不自在，甚至沒有自我的人。也許一直沒有小孩不是一件不幸的事；也或許這是一個Sign，讓妳更有機會反觀自己的內心，妳是真的和這個對象想要有這個小孩？還是為了符合傳統的價值觀或社會的期待，加上（年齡）時間到了，身邊剛好出現了不錯的他，便將就了。

我一直不認為，在感情或婚姻中將就，會換來令人滿意的結果。一段關係可以長久的祕訣，就是兩個人都可以相處自在，當然這個除了緣分之外，更需要的是彼此自我探索的能力，還有心態成熟的程度，這不簡單也不容易。所以，如果妳身邊有出現這樣的人，他願意和你磨合、和你溝通，更重要的是，他可以帶給妳自在，妳也可以回饋他安閒，這不簡單甚至有點困難，不過這樣的關係還是的確存在的，而且這樣的幸福也是只有在關係中的兩人才有辦法感受的。

生不出來，是誰的問題？

生不出來是誰的問題？這個問題的答案絕對是「兩個人都有問題」。即使是兩個各自檢查都正常的人，只要你們的身體沒有辦法適應彼此（有的人陰道會對精液過敏產生排斥），或者心理上沒有辦法和諧相處，這些都有可能是導致沒有辦法生育的原因。

如今，生育已經不再只是生殖功能或者生育年齡的影響。我更認為，那些看不見的情緒、壓力等，都會對生育產生影響。

就這樣，原本我們說好40歲之前如果兩個人都沒有生的話，就一起去凍卵。沒想到，我在39歲到美國凍卵，她在39歲連續生了兩個可愛的寶貝，也是我的乾女兒和乾兒子。有時候宇宙帶給我們的禮物，我們無法用人的認知預想，我們更該學習的就是臣服一切並接受。

結紮會變公公？

「我懷孕了，這是第三胎，這次生完我老公叫我去結紮。」梅華（化名）跟我分享她又懷孕的驚訝及喜悅。

「為什麼是妳去結紮？不是請你老公去結紮？」我好奇地問，畢竟不論從安全性、後遺症、復原時間等各角度來看，男人結紮都比女人結紮要來得方便且安全。

「我老公說他不能結紮，一結紮就會變成太監，然後就會性無能，我會不性福。」梅華理直氣壯地和我說明著。

「是誰跟他說的？根本就沒這回事！」

「不是這樣嗎？不然老一輩的為什麼都這樣說，就是我公公和我老公說男人絕對不能結紮的。」

當然不是這樣，而且錯得理譜！

我不知道這些迷思是從何時開始流傳？是因為結紮後暫時無法再生育，

所以覺得男人就失去對性的慾望了嗎？這和「子宮拿掉就不是女人了」和「子宮拿掉更年期會提早」的偏見是不是有異曲同工之妙？

結紮不是摘睪丸（不會變公公）

首先，大家得先釐清一件非常重要的事，掌管性慾的是睪丸產生的男性賀爾蒙（睪固酮），只要睪丸還在，能正常分泌睪固酮，就能保證你在性生活中，應該出現的就不會消失。

結紮並不是把睪丸摘除，而是阻斷精子運送的通道（請看圖）。完整地說，

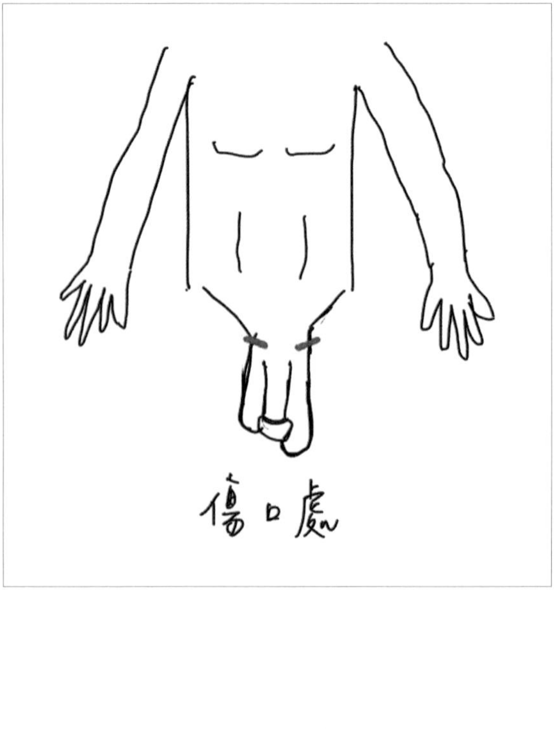

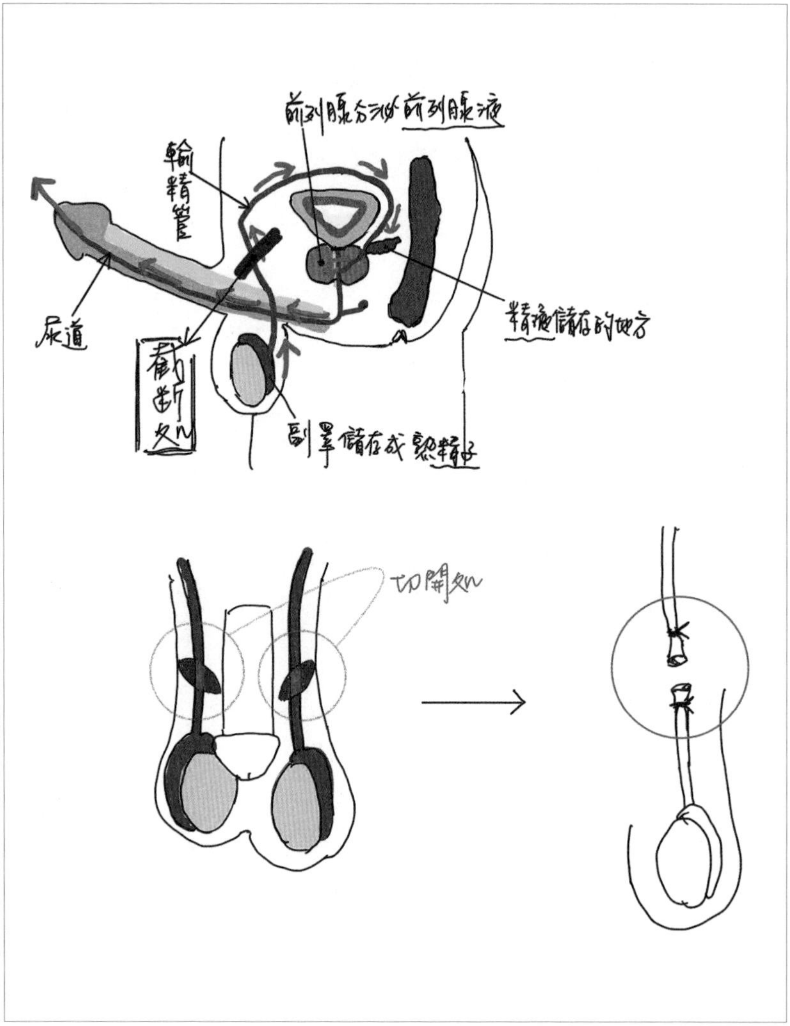
前列腺分泌前列腺液
輸精管
精液儲存的地方
尿道
截斷處
副睪儲存成熟精子
切開處

這是「輸精管阻斷手術」，並不是「睪丸摘除手術」。結紮手術不會動到睪丸、陰囊和陰莖，所以睪固酮的分泌完全不會受影響，而精子也會持續製造出來，只是精子已經無法再透過輸精管射出來。和結紮前唯一的差別只在：你射出來的精液裡只有精漿，沒有精子。再者，精子本身只占精液的5%，手術之後的精液量也不會大幅減少。

另外，結紮之後，精神不會出現萎靡不振、發胖或性慾降低等狀況，會有結紮後發胖的迷思，應該是來自於動物結紮時，獸醫說的話吧！

當你帶家裡的貓狗到獸醫院結紮時，獸醫總會千叮嚀萬交代：「毛孩結紮後會容易發胖，要特別注意飲食喔！」貓狗在結紮後會發胖，是因為獸醫會在結紮時將牠們的睪丸切除了。因為少了可以幫助消耗熱量的性賀爾蒙，所以結紮會使牠們之後變得懶洋洋的，尤其是公狗或公貓。由於不再需要跟其他雄性動物打架來爭奪伴侶，使得活動量大大降低。即使食量沒有改變，也不免因此肥胖，但這其實也不是絕對。

重申，做結紮手術時，人類的睪丸並不會被摘除，你是人，不是動物。還有，現代人在尋找另一半的時候也不是靠打架來獲得，而是靠個人內在散發的魅力。

結紮後更壯、更強？

根據研究顯示，結紮後的男人，可能因為結紮後安全感增加，更享受於性愛，因此，在性功能上的表現反而優於結紮前。綜合以上說明，我希望能大大地破除存在你們內心已久的迷思。假設，真的出現了不適或乏力，那大概都是心理因素的影響吧！別忘了，性表現不是單靠賀爾蒙，也需要在體力及心理狀態上都獲得平衡，才會出現最理想的狀態。

隨著醫學進步、社會風氣改變，希望在性教育越來越健全之下，能越來越多好男人願意為了老婆結紮。真正會造成性無能的真的不是坊間的傳說，而是不加思索的無知腦袋。

墮胎是維護人權？還是蓄意殺人？

在國中的某一次課堂上，老師播放了墮胎的影片給全班看，產婦腹中已逐漸成熟的小生命，為了完成人工流產手術，醫師用鉗子將胎兒的頭骨、四肢與軀幹夾碎後，一片一片取出子宮，再用刮刀把剩餘的組織及胎盤刮出體外，為確保沒有殘留組織在母體，醫師會把取出的「肉塊」再拼回人樣。這一個片段在我腦海中一直沒有離開過，但為什麼會看這個影片，以及當時老師說了什麼？老實說，是一片空白。

「墮胎」這個議題，從我第一次接觸到現在沒有停止過，任何探討的面向及角度都有。無論是以維護人權的方式贊成墮胎，還是以蓄意殺人的結果反對墮胎；以醫學角度客觀地分析墮胎方式，或是以宗教的立場討論生命權 V.S. 身體自主權，有的還牽涉到前世今生與嬰靈存歿；以法律的方式說服墮胎並非殺人，抑或以哲學的辯論表達生命有其各自表現。

這麼多面向和言論，都有每個領域所擁護的理論和信念。對我來說，世上每個人看事情的角度本來就不一樣，只要背景邏輯說得通，誰是誰非永遠不會有正確答案。講到墮胎，我好奇的是，我們花那麼多心力為墮胎與否辯論，那麼，事先該做的「預防意外的知識教育」花了多少時間？

關於性教育，我們有正確教導預防措施嗎？

打個比方，每個人家裡都有廚房，姑且不用說到煮飯，這不見得是每個人都會做的事，就用煮水來比喻好了；無論是用火煮水還是用電煮水，在使用之前，家長一定會告知家裡的小孩「不能玩火喔！會燒傷喔！」「手濕濕不能碰插頭喔！會觸電喔！」接著，隨著小孩的年齡漸長，家長就會教導怎麼正確使用瓦斯爐和電，以及該如何處理剛煮好的滾水，這些都是為了避免被水燙傷或被火燒傷，甚至發生觸電等的預防措施，而且這些也是可能會造成一個人生活改變的事件。同時，在立即且正確的教育下，即使不小心發生了意外（這才能稱作不小心），也能以最快的速度處理，讓導致生命危險的可能降到最低。此時，自然關注的也不會是「碰火碰電」應不應該的問題了。

在食衣住行這方面，我們並不會在不說、不做、不看、不聽的前提下，以看似天真，實為極度愚蠢的思想「幹嘛教？長大自然就會了。」「不用教吧！遇到就會懂了啦！」看待「廚房須知」這件事，對吧！然而在性教育上，我們為什麼一直遲遲無法從家庭教育做起？連學校老師也無法侃侃而談，好像只要碰觸到性相關議題，不管有沒有牽扯到性行為，大人已經自己先戴上有色眼鏡在看這個世界了。

說回來墮胎這件事。在墮胎發生之前，該做的預防措施，我們做了多少努力？知道這件事重要性的人又有多少？每個人都知道「戴保險套」，但真的在（不以生育為目的）性行為進行前，正確使用的人又有多少？我只知道，這本該是百分之百達成率的事，但為什麼我們寧願一直討論墮胎議題，而不是多做一些預防意外事件發生的措施呢？

有無生育計劃？沒有，就該戴！

「該不該墮胎？墮胎是殺人還是人權？」只取決於「你在性行為之前，

是否知道該使用保險套而未使用？」無論答案是是或否，就只看你是哪個角度、哪個面向的支持者罷了。對我來說，墮胎沒有什麼應該不應該，是維護人權還是蓄意殺人？是身體自主權還是生命權？是前世債主還是現世報？

只要每個人接受正確教育，只要我們都給予對的認知養成，大家都需要知道的是「只要自己沒有生育計劃，就該在陰莖勃起的時候使用保險套。」而這個「大家」並非只是生理男的責任，而是「**已踏入成年，只要有可能接觸到性行為的每個生理男與生理女。**」

我始終認為，每個人都有主導人生的權利。從出生開始，我們的未來都建構於每一個選擇，我們的一生正是經歷著每個選擇後的結果，該如何無悔地面對自己的一生，只有盡自己所能的「**為自己的選擇負責任**」。

什麼是負責任的選擇？也就是，當你知道這個題目有三種選項時，你都能在教育下了解每個選項的好與壞、是與非、優缺點等等，在認清一體兩面的現實後，我相信，不管你做怎樣的選擇，你都能坦蕩的過生活，包括「你該墮胎嗎？」

「他說他已經結紮、他說他精蟲很少」「她說安全期來很安全、她說正在月經不會懷孕」

上一篇我表達完我個人對墮胎的立場後，接下來我想要分享的是「墮胎」這件事。

「他說他已經結紮、他說他精蟲很少」「她說安全期來很安全、她說正在月經不會懷孕……」這幾句話通常會在意外懷孕的那些人口中聽到，似乎這件事情並不是他們「故意」的，而是「不知（實）情且不小心」。

的確，在過去教育不普及的情況之下，意外懷孕是很有可能出現的。但是，隨著國民義務教育從九年延長到十二年的現在，因為意外懷孕而墮胎的人卻不在少數，這樣的原因又是為什麼呢？最大的原因就是性教育看似完善，教科書內容應有盡有，但真正執行性教育，又或者說從三歲開始就有家庭的性教育，又有多少？（我所謂的性教育並不是性行為教育；性教育，包含生理、心理、社會、法律、倫理、道德等等，包含人格養成，甚至會影響到潛意識的重要教育過程。）

這篇我沒有要知識教學，譬如：結紮之後還會不會有精蟲、精蟲很少？真的不會懷孕嗎？安全期真的安全嗎？月經來可以做愛嗎？我想要強調的是「**只要今天你有性交的行為，不管對方說什麼，如果不採用避孕措施，那你就要有懷孕的心理準備。**」如此認知的重要性。

也許有些人會接著說：「有就拿掉就好，有必要講得那麼嚴重嗎？」或者你會聽到有些根本還沒成家，更未生育的成人說：「生下來再養一個小孩不就好了！」不管你聽到的是什麼，我都想說，「等到事情發生後，承擔的永遠是自己」，必須經歷「不小心懷孕，然後再猶豫要不要墮胎的人。」是你。這個「你」，我指的並非只有生理女，而是所有參與在性行為當中的人，都有相當的責任，對，就是你！

不要小看墮胎這件事，「生命」不是一個東西，買錯了丟掉就好

你曾經也是這樣的生命，隨著時間拉長，在母體子宮中孕育出人的形體，軀體的發展有時間上的不同，只是靈魂一旦出現，不管軀體有沒有形成，他都已經是既存的生命了。

另外一方面，到底是憑什麼射完精、拍拍屁股就可以認為這不干你的事？憑什麼懷孕的人不是你就可以置身事外？

真的要奉勸所有正在教育小孩的家長或正在發育的少女們，請你們一定要牢記在腦海裡，「一個真的愛你的人，他會選擇保護你而不是傷害你，如果你當下還沒有準備好，他會等你；基於保護兩人的立場，他會戴保險套；他不會用**愛我就給我**，或**愛我就讓我不戴套**來強迫你用這樣的方式證明你對他的愛。」

墮胎的後遺症身心都有，加上如果墮胎手術過程中出現失誤（包括子宮穿孔、嚴重感染或者子宮內疤痕等），或者墮胎次數過多（頻繁的墮胎可能

會造成子宮內形成疤痕組織，或者引起輸卵管的阻塞），都有可能影響胚胎的著床，或者精子和卵子的結合，這些都可能對女性的生育能力產生影響。

從第一次性行為開始就習慣使用保險套，基本上可以省略許多有沒有保險套而帶來的感受與問題；最保險的避孕方式是「雙重避孕」，生理男戴保險套（勃起就要戴），生理女服用事前避孕藥。

絕對不要讓「生命」成為感情中的籌碼

你得非常明白，當你一旦歷經墮胎，無論是前七周的點滴注入或者七週後之後的人工流產，對女生的身體都是一大傷害，更遑論在過程中受到的精神折磨與摧殘。隨著我們性教育的逐漸普及，希望墮胎這件事不會再「因為無知」而造成。如果你已經決定要拿掉孩子，建議在正規醫院進行人工流產，並且遵守醫療照護，一定要以自己的身體恢復為首要。

性愛之外

約炮、婚姻、第三者，打破傳統思考的禁忌相談

作者＆繪圖　許藍方（Dr. Gracie Hsu）

責任編輯　蔡穎如
封面設計　走路花工作室
內頁編排　林詩婷
封面攝影　黑焦耳攝影工作室

行銷主任　辛政遠
資深行銷　楊惠潔
通路經理　吳文龍
總編輯　姚蜀芸
副社長　黃錫鉉
總經理　吳濱伶
首席執行長　何飛鵬

出版　創意市集Inno-Fair
發行　英屬蓋曼群島商家庭傳媒股份有限公司城邦分公司
Distributed by Home Media Group Limited Cite Branch
地址　115 臺北市南港區昆陽街16號8樓
8F., No. 16, Kunyang St., Nangang Dist., Taipei City 115 , Taiwan

城邦讀書花園　www.cite.com.tw
客戶服務信箱　service@readingclub.com.tw
客戶服務專線　(02) 25007718、(02) 25007719
客戶服務傳真　(02) 25001990、(02) 25001991
服務時間　週一至週五09:30～12:00、13:30～17:00
劃撥帳號　19863813　戶名：書虫股份有限公司
實體展售書店　115 臺北市南港區昆陽街16號5樓

ISBN　978-626-7488-29-4（紙本）／978-626-7488-44-7（EPUB）
版次　2024年12月初版1刷
定價　新台幣380元／266元（EPUB）／港幣127元

製版印刷　凱林彩印股份有限公司

◎如有缺頁、破損、裝訂錯誤，或有大量購書需求等，都請與客服聯繫。

★ 廠商合作、作者投稿、讀者意見回饋，請至：
創意市集粉專　https://www.facebook.com/innofair
創意市集信箱　ifbook@hmg.com.tw

國家圖書館預行編目(CIP)資料

性愛之外：約炮、婚姻、第三者，打破傳統思考的禁忌相談／許藍方 著. -- 初版. -- 臺北市：創意市集出版：英屬蓋曼群島商家庭傳媒股份有限公司城邦分公司發行，2024.12
面；　公分
ISBN 978-626-7488-29-4（平裝）

1.CST：性知識　2.CST：兩性關係

429.1　113011423

香港發行所　城邦（香港）出版集團有限公司
九龍土瓜灣土瓜灣道 86 號順聯工業大廈 6 樓 A 室
電話：(852) 2508-6231
傳真：(852) 2578-9337
信箱：hkcite@biznetvigator.com

馬新發行所　城邦（馬新）出版集團
41, Jalan Radin Anum, Bandar Baru Sri Petaling,
57000 Kuala Lumpur, Malaysia.
電話：(603) 9056-3833
傳真：(603) 9057-6622
信箱：services@cite.my